钩出超可爱立体小物件 100 款
（浪漫花饰篇）

（日）美创出版　著
何凝一　译

目录

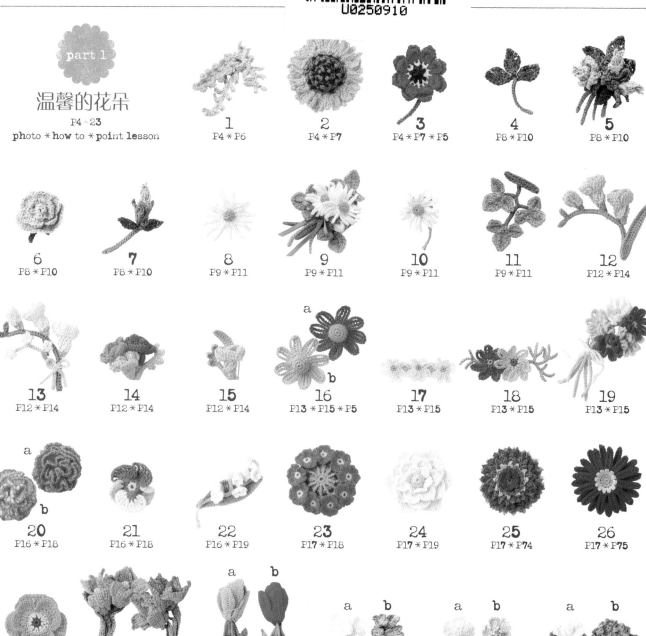

part 2

花、水果和植物
P24~39
photo * how to * point lesson

33
P24 * P26

34
P24 * P26

35
P24 * P26

36
P28 * P27

37
P28 * P27

38
P28 * P27

39
P28 * P27

40
P29 * P30

41
P29 * P31

42
P29 * P31

43
P29 * P30

44
P32 * P34 * P25

45
P32 * P34

46
P32 * P34

47
P32 * P34

48
P33 * P35

49
P33 * P35

50
P33 * P35

51
P33 * P35

52
P36 * P38

53
P36 * P38

54
P36 * P38

55
P36 * P38

钩出超可爱立体
小物件 100 款
（浪漫花饰篇）

Contents

56
P37 * P39

57
P37 * P39 * P25

58
P37 * P39

59
P37 * P39 * P25

part 3

和之花
P40~51
photo * how to * point lesson

60
P40 * P42 * P41

61
P40 * P42 * P41

62
P40 * P43

63
P44 * P43

64
P44 * P43

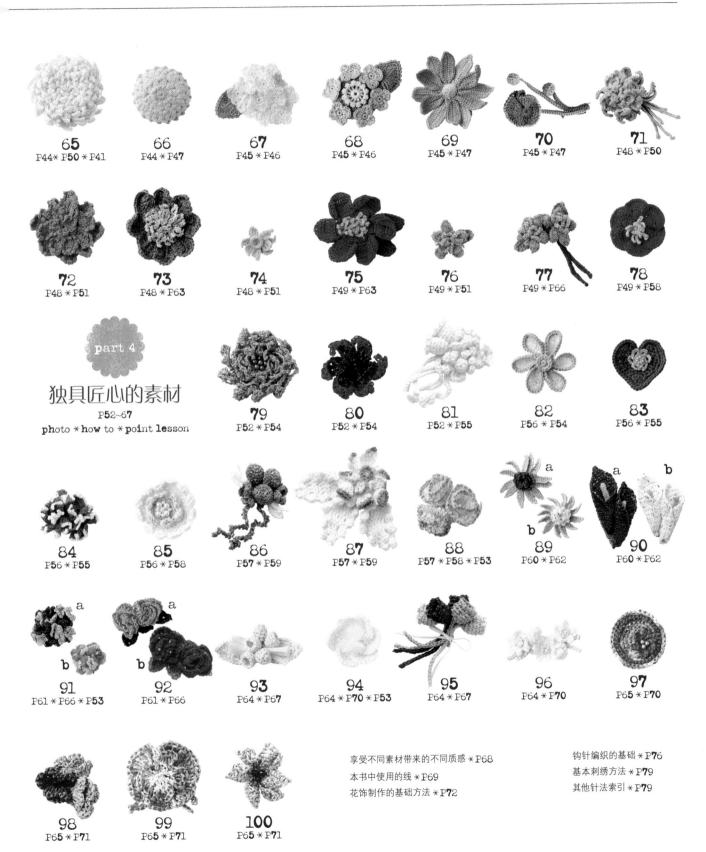

sunflower & rose & marguerite...

part 1

温馨的花朵

摘下刚盛开的花朵，轻轻别在胸前……
就是这种温馨的花朵，给你轻松闲适的感觉。
将目光聚集到庭院、窗边等我们身边盛开的花朵上，
来制作饰花吧！
以自己喜欢的花为原型，一朵也好，
一束也好，享受其中的乐趣吧！

1

2

3

1 含羞草 how to……P6

2 向日葵 how to……P7

3 银莲花 how to……P7，point lesson……P5

design 河合真弓

Point Lesson

3 photo＊P4　花瓣的钩织方法

1　在第2行的最后引拔钩织之后，继续钩织第3行。

2　花瓣倒向内侧，钩织3针锁针，将钩针插入第2行引拔针的针目中（步骤1的箭头位置），再进行引拔钩织。

3　按照同样的方法钩织1圈第3行。钩织1圈后如图片右上角所示（反面）。

4　钩织第4行时，将第3行的锁针成束挑起，接着钩织花瓣。

16 photo＊P13　花瓣的钩织方法（6卷长针）

1　花心A、B正面朝外相对合拢，再挑起各自短针的头针外侧的半针，引拔钩织。

2　钩织8针锁针，然后线在针上绕6圈，钩织6卷长针。

3　将花心外侧的半针挑起，按照箭头所示方向引拔穿过。

4　针上挂线，引拔穿过2个线圈。

5　按照步骤4的方法，重复6次。

6　钩织完1针6卷长针。接着再钩织1针6卷长针、8针锁针，在花心引拔钩织。

7　钩织完1片花瓣。同样，将花心头针外侧的半针挑起，继续钩织花瓣。

8　钩织出数片花瓣后，将多余的线塞入花心中，再钩织剩下的花瓣。

基底的共通钩织图
钩织指定的行数

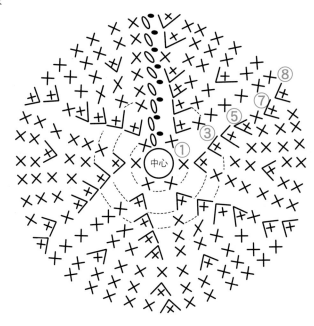

---

1 photo * P4

水洗棉线/绿色：3g；黄色：1g
别针（烟熏色）：1个
钩针：2/0号

叶子A 绿色 1片   叶子B 绿色 1片   叶子C 1片

—— 绿色
—— 黄色

（12针）

钩织起点

（22针）

钩织起点

钩织起点

（21针）

钩织起点

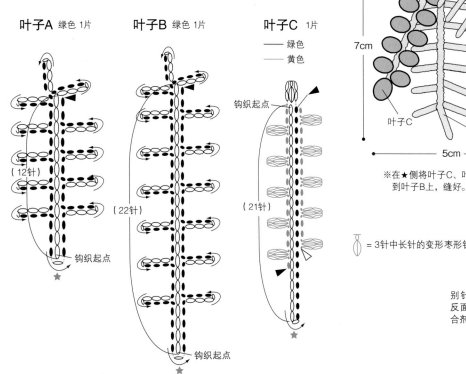

= 3针中长针的变形枣形针

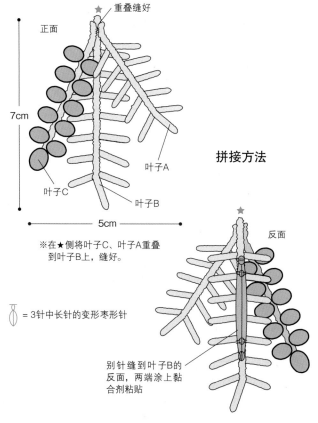

正面   重叠缝好

7cm

叶子C
叶子A
叶子B

5cm

拼接方法

反面

※在★侧将叶子C、叶子A重叠到叶子B上，缝好。

别针缝到叶子B的反面，两端涂上黏合剂粘贴

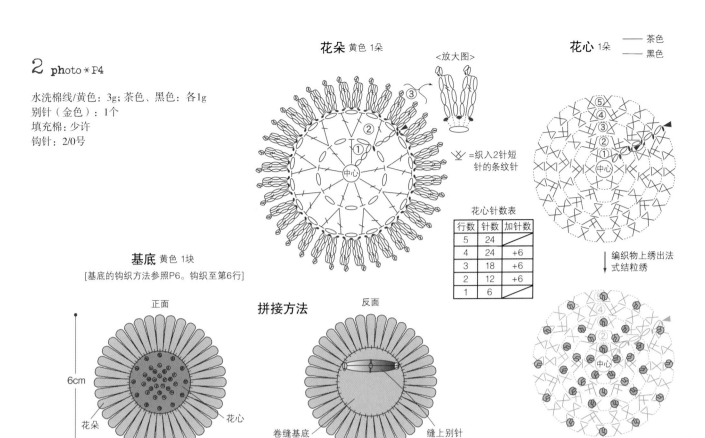

2 photo * P4

水洗棉线/黄色：3g；茶色、黑色：各1g
别针（金色）：1个
填充棉：少许
钩针：2/0号

花朵 黄色 1朵

<放大图>

③

▽ =织入2针短针的条纹针

花心 1朵
—— 茶色
—— 黑色

编织物上绣出法式结粒绣

花心针数表

行数	针数	加针数
5	24	
4	24	+6
3	18	+6
2	12	+6
1	6	

1、3行：黑色（🌀）缠2圈的法式结粒绣
2、5行：茶色（🌀）

基底 黄色 1块
[基底的钩织方法参照P6。钩织至第6行]

正面

6cm

花朵
花心

拼接方法

反面

卷缝基底

缝上别针

※ 花心反面塞入填充棉，再放到花朵中心缝好。

---

3 photo * P4/point lesson P5

棉线/红色：2g；白色：1g；绿色：2g；黑色：1g
别针（银色）：1个
蕾丝针：0号

茎 绿色 1根

起针织15针锁针

①

拼接方法

花 1朵
—— 红色
—— 白色

④
②
①
16针

基底 绿色 1块
[基底的钩织方法参照P6。钩织至第4行]

正面

在花心周围绣出8针缠2圈的法式结粒绣

7cm

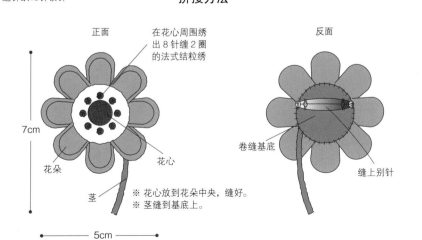

花朵
花心
茎

※ 花心放到花朵中央，缝好。
※ 茎缝到基底上。

5cm

反面

卷缝基底

缝上别针

花心 黑色 1个

②
①

只是一朵蔷薇，就能营造出浪漫的氛围……

4~7蔷薇
how to……P10
design 河合真弓

白色和黄色的可爱雏菊，
适合原色的衣服。

8、10 雏菊
9 雏菊、常春藤
11 常春藤
how to……P11
design 河合真弓

4 photo＊P8

棉线/浅绿色、深绿色：各少许
别针（银色）：1个
蕾丝针：0号

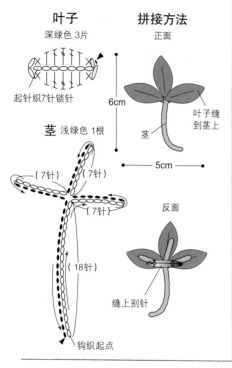

叶子 深绿色 3片
起针织7针锁针

茎 浅绿色 1根
（7针） （7针）
（7针）
（18针）
钩织起点

拼接方法
正面
6cm
叶子缝到茎上
茎
5cm

反面
缝上别针

5 photo＊P8

棉线/浅粉色：3g；深粉：1g；
深绿色：2g；浅绿色：1g
别针（银色）：1个
蕾丝针：0号

基底 深绿色 1块
[基底的钩织方法参照P6。钩织至第6行]

花瓣A 深粉色 3片
[按照作品7花瓣A的方法钩织]

花瓣B 浅粉色 3片
[按照作品7花瓣B的方法钩织]

叶子 深绿色 2片
[按照作品7叶子的方法钩织]

花萼 浅绿色 3片
[按照作品7花萼的方法钩织]

茎 浅绿色 3根
[按照作品7茎的方法钩织]

叶子 深绿色 3片
[按照作品4叶子的方法钩织]

茎 浅绿色 1根
[按照作品4茎的方法钩织]

花瓣C 浅粉色 1片
②
①
钩织起点

① ※参照作品7的方法拼接。 ② ※参照作品7的方法拼接。
花瓣A
花瓣B
花萼
叶子（作品7）
茎（作品7）

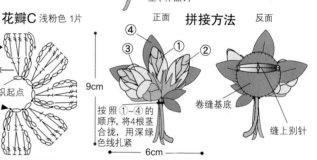

③ ※参照作品7拼接之后，将花瓣C卷缝到花瓣A、B的外侧。
花瓣A
花瓣B
花瓣C
花萼
茎（作品7）

④ ※参照作品4拼接。
叶子（作品4）
茎（作品4）

拼接方法
正面　　反面
④
③　①
　　②
9cm
卷缝基底
缝上别针
按照①~④的顺序，将4根茎合拢，用深绿色线扎紧。
6cm

6 photo＊P8

棉线/浅粉色：3g；绿色：1g
别针（银色）：1个
蕾丝针：0号

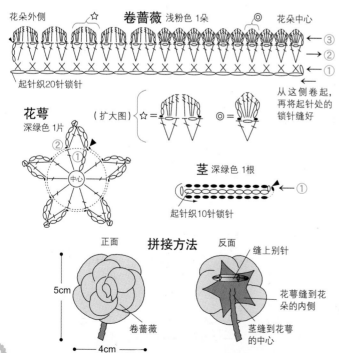

花朵外侧　**卷蔷薇** 浅粉色 1朵　花朵中心
☆　　　　　　　　　　　　　◎
③
②
①
起针织20针锁针
从这侧卷起，再将起针处的锁针缝好

（扩大图）☆＝　　◎＝

花萼 深绿色 1片
②
①
中心

茎 深绿色 1根
①
起针织10针锁针

拼接方法
正面　　反面
5cm
卷蔷薇
4cm
缝上别针
花萼缝到花朵的内侧
茎缝到花萼的中心

7 photo＊P8

棉线/浅粉色、深粉色、深绿色、
浅绿色：各少许
别针（烟熏色）：1个
蕾丝针：0号

茎 浅绿色 1根
①
起针织15针锁针

花萼 浅绿色 1片
②
①
中心

花瓣A 深粉色 1片
②
①
起针织6针锁针

花瓣的卷法（A、B共通）

从编织物的两侧卷起固定

※卷起花瓣A，缝好固定。再从上方将花瓣B卷好固定。将花瓣插入花萼中，缝好固定。

花瓣B 浅粉色 1片
②
①
起针织8针锁针

叶子 深绿色 2片
起针织7针锁针

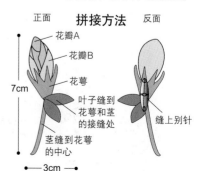

拼接方法
正面　　反面
花瓣A
花瓣B
花萼
7cm
叶子缝到花萼和茎的接缝处
茎缝到花萼的中心
缝上别针
3cm

8 photo＊P9

棉线/白色：1g；姜黄色：少许
别针（金色）：1个
蕾丝针：0号

花A 白色 1朵

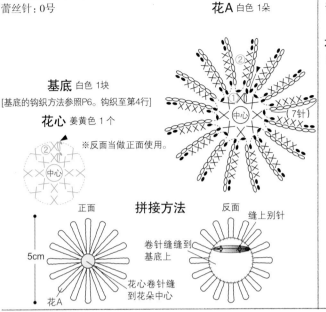

基底 白色 1块
[基底的钩织方法参照P6。钩织至第4行]

花心 姜黄色 1个

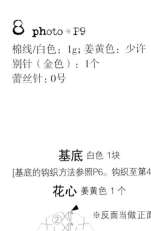

※反面当做正面使用。

拼接方法

正面

5cm

花A

缝上别针

卷针缝缝到基底上

花心卷针缝到花朵中心

10 photo＊P9

棉线/白色、嫩绿色、姜黄色：各少许
别针（烟熏色）：1个
蕾丝针：0号

花萼A 嫩绿色 1片

14针

花瓣B
白色 1片

花心 姜黄色 1个
[按照作品8花心的方法钩织]

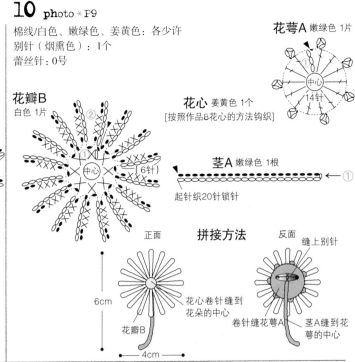

茎A 嫩绿色 1根

←①

起针织20针锁针

拼接方法

正面

6cm

花瓣B

4cm

反面

缝上别针

花心卷针缝到花朵的中心

卷针缝花萼A

茎A缝到花萼的中心

9 photo＊P9

棉线/白色、嫩绿色：各2g；浅
绿色：3g；姜黄色：少许
别针（银色）：1个
茶色缎带：25cm×0.4cm
蕾丝针：0号

基底 浅绿色 1块
[基底的钩织方法参照P6。钩织至第8行]

花心 姜黄色 2个
[按照作品8花心的方法钩织]

花B 白色 2朵
[按照作品10花B的方法钩织]

花萼A 嫩绿色 2片
[按照作品10花萼的方法钩织]

茎A 嫩绿色 2根、浅绿色 1根
[按照作品10茎A的方法钩织]

叶子 嫩绿色 3片
[按照作品11叶子的方法钩织]

① ※参照作品10的方法拼接。

2组

花B

※花萼A缝到反面。

花心

茎A
（嫩绿色）

花萼B 浅绿色 1片

花蕾 白色 1朵

※将线穿过★处的针目，扭成圆形。

茎C 浅绿色 1根

钩织起点

（10针）

（5针）

（5针）

（5针）

（5针）

★

●：缝叶子的位置

② ※参照作品11的方法拼接。

③ ※参照下图拼接。

花蕾

花萼B

茎A缝到花萼B的中心

茎C

叶子

拼接方法

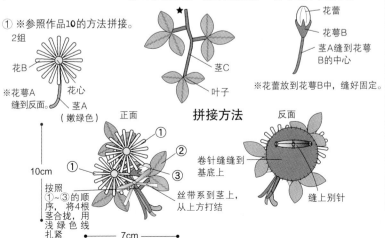

正面

10cm

①

①

②

③

按照①～③的顺序，将4根茎合拢，用浅绿色线扎紧

7cm

※花蕾放到花萼B中，缝好固定。

卷针缝缝到基底上

丝带系到茎上，从上方打结

缝上别针

反面

11 photo＊P9

棉线/嫩绿色：2g；浅绿色：1g
别针（银色）：1个
蕾丝针：0号

柄 浅绿色 1片

←②
→①

起针织10针锁针

×=将第1行织入起针中

叶子 嫩绿色 3片

❸

❶

起针织7针锁针

❷

※叶子锁针的部分用浅绿色线绣出轮廓绣

茎B 浅绿色 1根

钩织起点

（10针）

（5针）

（5针）

★

●：缝叶子的位置

拼接方法

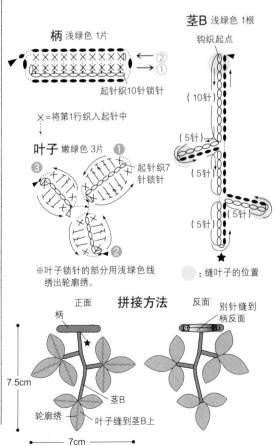

正面

7.5cm

柄

轮廓绣

茎B

叶子缝到茎B上

7cm

反面

别针缝到柄反面

11

12

13

选用漂亮的黄色，优雅淡然。

12-15 洋水仙
how to······P14
design ENDOU HIROMI

14

15

16~19 大波斯菊

how to······P15

16 point lesson······P5

design ENDOU HIROMI

16 a

16 b

17

18

19

大花、中花、小花, 各有各的可爱之处。

12 photo＊P12

棉线/嫩绿色：2g；淡黄色：3g
别针（银色）：1个
花用铁丝（26号）：约12cm
蕾丝针：0号

花蕾 1朵
—— 淡黄色
—— 嫩绿色

花 2朵
—— 淡黄色
—— 嫩绿色

※钩织第3行的长长针和引拔针时，将第2行4卷长针头针的外侧半针挑起后再钩织。钩织第4行长长针和引拔针时，将第2行4卷长针头针的内侧半针挑起后再钩织。

※花、花蕾的反面当做正面。

茎A 嫩绿色 1根

铁丝
起针织36针锁针
※ 引拔钩织花的位置
★ 引拔钩织花蕾的位置

※钩织短针时将铁丝插入其中后再钩织（参照P73-A）。
※先钩织好花和花蕾，再将其拼接到引拔钩织位置。

叶子 嫩绿色 1片
起针织25针锁针
▬ =将上一行头针的内侧半针挑起后再钩织

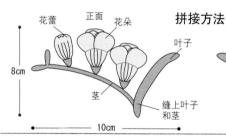

拼接方法

花蕾 正面 花朵
叶子
8cm
茎
缝上叶子和茎

反面
叶子
缝上别针
10cm

13 photo＊P12

棉线/白色：3g；深宝石绿色：1g；紫色、灰绿色：各少许
别针（银色）：1个
花用铁丝（26号）：约12cm
蕾丝针：0号

花 2朵
—— 白色
—— 灰绿色
[按照作品12的方法钩织]

花蕾 1朵
—— 白色
—— 灰绿色
[按照作品12的方法钩织]

茎A 深宝石绿 1根
[按照作品12茎A的方法钩织]

蝴蝶结 紫色 1个
（11针）（11针）
（8针）（8针）
钩织起点

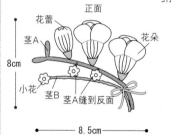

小花 白色 3朵

茎B 灰绿色 1根
起针织31针锁针
※ 引拔钩织小花的位置

※先钩织好小花，再拼接引拔钩织的位置。

花蕾 正面
茎A 花朵
8cm
小花
茎B 茎A缝到反面

拼接方法
反面
缝上别针
8.5cm

14 photo＊P12

水洗棉线/嫩绿色、粉色：各1g
棉线/黄色、橘色：各1g
别针（金色）：1个
蕾丝针：0号

基底 嫩绿色 1块
[基底的钩织方法参照P6。钩织至第3行]

枝和花蕾 嫩绿色 1朵
起针织13针锁针

花 各1朵
—— 粉色
黄色
橘色
—— 嫩绿色（共通）
[按照作品12花的方法钩织]

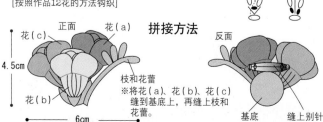

拼接方法

花(c) 正面 花(a)
4.5cm
花(b)
枝和花蕾

反面
基底 缝上别针

※将花(a)、花(b)、花(c)缝到基底上，再缝上枝和花蕾。
6cm

15 photo＊P12

水洗棉线/翠绿色：1g
棉线/黄色：1g
别针（金色）：1个
蕾丝针：0号

叶子 翠绿色 1片
起针织20针锁针
▬ =将上一行头针内侧的半针挑起后再钩织

枝和花蕾 翠绿色 1朵
[按照作品14枝和花蕾的方法钩织]

花 1朵
—— 黄色
—— 翠绿色
[按照作品12的方法钩织]

枝和花蕾 正面
叶子
花
5cm

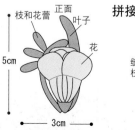

拼接方法
反面
缝上叶子、枝和花蕾

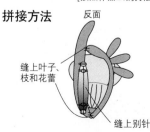

3cm

缝上别针

16ab photo＊P13 / point lesson P5

水洗棉线/a 深粉色：2g；黄色：1g；
b浅粉色：2g；绿色：1g；
别针（烟熏色）：1个
钩针：2/0号

花心A a黄色 1个
     b绿色

花瓣 a深粉色 1个
     b浅粉色

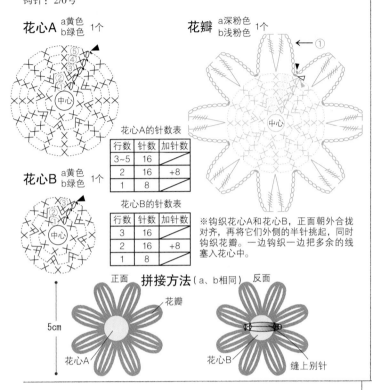

花心A的针数表

行数	针数	加针数
3~5	16	
2	16	+8
1	8	

花心B a黄色 1个
     b绿色

花心B的针数表

行数	针数	加针数
3	16	
2	16	+8
1	8	

※钩织花心A和花心B，正面朝外合拢对齐，再将它们外侧的半针挑起，同时钩织花瓣。一边钩织一边把多余的线塞入花心中。

拼接方法（a、b相同）

正面   反面

花瓣
花心A
花心B
5cm
缝上别针

17 photo＊P13

棉线/绿色：2g
纯毛线/白色：1g
别针（烟熏色）：1个
钩针：2/0号

花 1对 —— 绿色
        —— 白色

※按照❶~❸的顺序拼接。

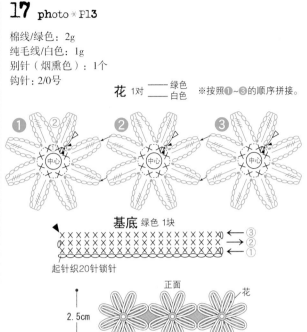

❶ ❷ ❸
中心 中心 中心

基底 绿色 1块
起针织20针锁针
←③ ←② ←①

正面
花
2.5cm
7.5cm
※将花缝到基底上。

拼接方法

反面
基底
缝上别针

18 photo＊P13

水洗棉线/深粉色、绿色、黄色：各1g
别针（烟熏色）：1个
钩针：2/0号

花 各1朵 —— 绿色
          深粉色
        —— 深粉色
          黄色

茎B 绿色 1根

茎A 绿色 1根

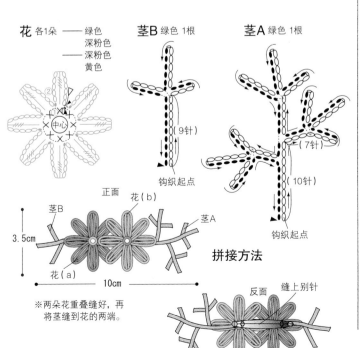

中心
（9针）
钩织起点
（7针）
（10针）
钩织起点

拼接方法

正面
茎B   花(b)
花(a)   茎A
3.5cm
花(a)
10cm

※两朵花重叠缝好，再将茎缝到花的两端。

反面
缝上别针

19 photo＊P13

棉线/嫩绿色：2g；白色：少许；
浅粉色：2g；深粉色：1g
别针（银色）：1个
钩针：2/0号

基底和茎 1块 —— 嫩绿色
            —— 浅粉色

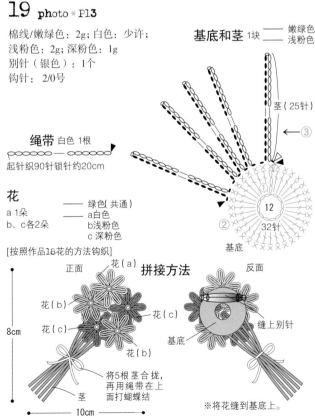

绳带 白色 1根
起针织90针锁针约20cm

茎（25针）
←③
12
32针
②
基底

花
a 1朵 —— 绿色（共通）
b、c各2朵 —— a白色
          b浅粉色
          c深粉色

[按照作品18花的方法钩织]

正面   拼接方法   反面
花(a)
花(b)
花(c)
花(c)
花(b)
基底
8cm   缝上别针
茎
基底
将5根茎合拢，再用绳带在上面打蝴蝶结。
10cm
※将花缝到基底上。

15

20 a

20 b

简单的布鞋缝上花朵, 立刻就变得可爱甜美了。

21   22

design ENDOU HIROMI

23

24

25

26

27

种类繁多的花饰，即便只是一朵，也有非常强烈的存在感。

20ab photo＊P16

棉线/a 深粉色：5g；粉色：1g；
b 浅粉色：5g；粉色：1g
别针（银色）：1个
钩针：2/0号

花A 1朵
—— a 深粉色
—— b 浅粉色
—— a 粉色
—— b 粉色

花B 1朵
—— a 深粉色
—— b 浅粉色
—— a 粉色
—— b 粉色

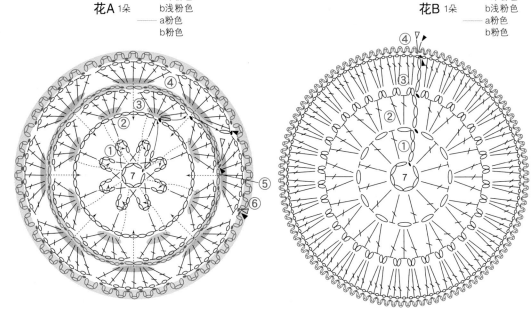

※钩织第2行的长针时，第1行的锁针倒向内侧，将起针成束挑起后再钩织。
钩织第3行的长针时，将第1行的锁针成束挑起后再钩织。
钩织第4行的长针时，第3行倒向内侧，将第2行的锁针成束挑起后再钩织。
钩织第5、6行的引拔针时，将下面锁针成束挑起后再钩织。

拼接方法（a、b相同）

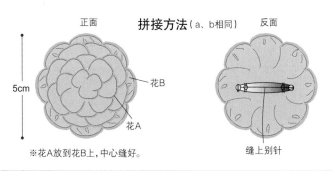

正面　反面
5cm
花B
花A
缝上别针

※花A放到花B上，中心缝好。

---

21 photo＊P16

纯毛线/黄色：1g；紫色：2g；奶白色：少许
别针（烟熏色）：1个
钩针：2/0号

花 1朵
—— 紫色
—— 黄色
—— 奶白色

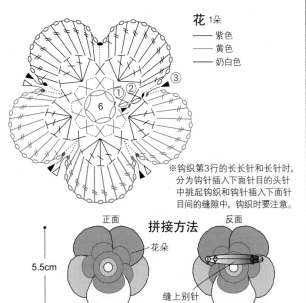

※钩织第3行的长长针和长针时，
分为钩针插入下面针目的头针
中挑起钩织和钩针插入下面针
目间的缝隙中，钩织时要注意。

拼接方法

正面　反面
5.5cm
花朵
缝上别针

---

23 photo＊P17

纯毛线/浅绿色、深粉色：各3g；黄色：1g
别针（银色）：1个
钩针：2/0号

基底 浅绿色 1块
[基底的钩织方法参照P6。钩织至第5行]

茎 浅绿色 1根

花 9朵
—— 黄色
—— 深粉色

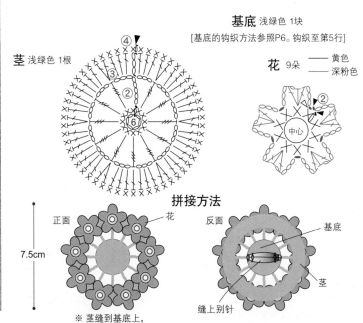

拼接方法

正面　反面
7.5cm
花
基底
茎
缝上别针

※茎缝到基底上，
再将花缝到茎上。

18

22 photo＊P16

棉线/黄绿色：1g；浅绿色：2g；白色：1g
天蚕丝（极细）：适量
别针（烟熏色）：1个
钩针：2/0号

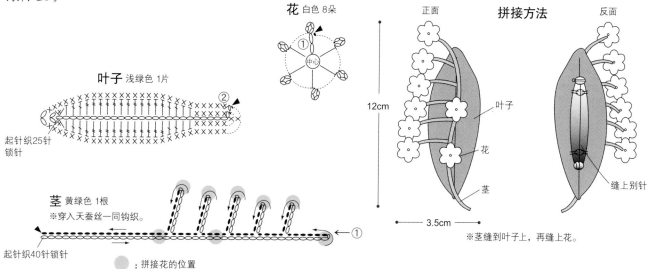

花 白色8朵

叶子 浅绿色1片

起针织25针
锁针

茎 黄绿色1根
※穿入天蚕丝一同钩织

起针织40针锁针

：拼接花的位置

正面

反面

拼接方法

叶子

花

茎

缝上别针

12cm

3.5cm

※茎缝到叶子上，再缝上花。

---

24 photo＊P17

水洗棉线/白色：3g；黄色：少许
别针（银色）：1个
钩针：2/0号

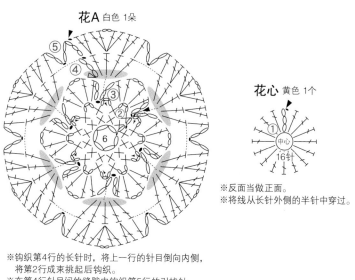

花A 白色1朵

花心 黄色1个

16针

※反面当做正面。
※将线从长针外侧的半针中穿过。

花B 白色1朵

8
24针

※钩织第4行的长针时，将上一行的针目倒向内侧，
将第2行成束挑起后钩织。
※在第4行针目间的缝隙中钩织第5行的引拔针。

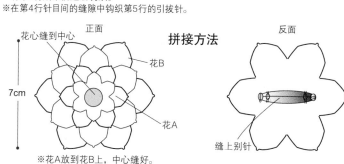

正面

花心缝到中心

拼接方法

花B

花A

7cm

反面

缝上别针

※花A放到花B上，中心缝好。

※在上一行针目的缝隙中，钩织第4、6行的引拔针。
※钩织第5行的长针时，上一行针目倒向内侧，将第2行的锁针
成束挑起后钩织。

P20和P21的花饰是同一种花，只不过采用不同颜色钩织而成。

自然和鲜艳两种风格，你喜欢哪一种呢?

28 a

29 a

31 a

30 a

32 a

design 冈本启子

make 28＊播口久子 29 笠川美代子 30、31、32松原悦子

28 b

29 b

30 b

31 b

32 b

28a photo＊P20

聚酯棉线/土黄色：5g；白色：1g；绿色：2g
别针（银色）：1个
钩针：4/0号

28b photo＊P21

聚酯棉线/紫色：5g；黄色：1g；绿色：2g
别针：1个
钩针：4/0号

花A a土黄色 1朵
　　b紫色

花B a土黄色 1朵
　　b紫色

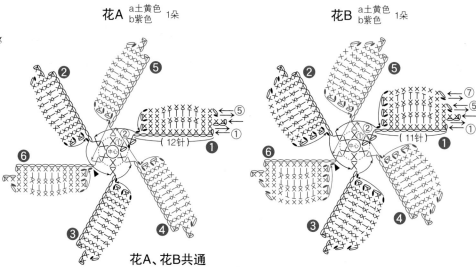

花A、花B共通

※ 第2行按照❶~❻的顺序钩织。
※ 钩织第2行的X时，将第1行短针的内侧半针挑起后再钩织。
　 钩织第2行的X时，将第1行短针的外侧半针挑起后再钩织。

叶子 a、b共通 绿色 2片

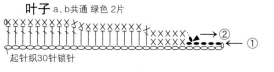

起针织30针锁针

茎 a、b共通 绿色 2根

起针织12针锁针

花心 a白色 2个
　　 b黄色

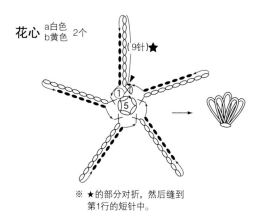

※ ★的部分对折，然后缝到
　 第1行的短针中。

花萼A、B a土黄色 各1片
　　　　 b紫色

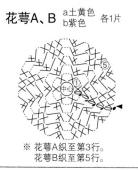

※ 花萼A织至第3行。
　 花萼B织至第5行。

拼接方法（a、b相同）

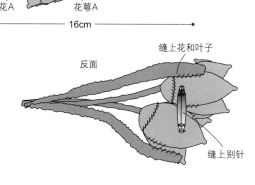

正面

9cm

16cm

花B
花瓣下方缝好
花萼B
茎缝到花的下方
叶子
叶子
花萼缝到花的下方
花A
花心放到花的内侧，缝好
花萼A

※ 缝好叶子，注意各片之间的平衡。

反面

缝上花和叶子
缝上别针

31a photo＊P20

丝线/奶白色：1g；白色：少许
别针（金色）：1个
圆形大串珠（白色）：12颗
钩针：3/0号

31b photo＊P21

丝线/浅粉色：1g；粉红色、米色：各少许
别针（金色）：1个
圆形大串珠（金色）：12颗
钩针：3/0号

花 1朵 a用丝线钩织
　　　 b——浅粉色
　　　 ——粉红色

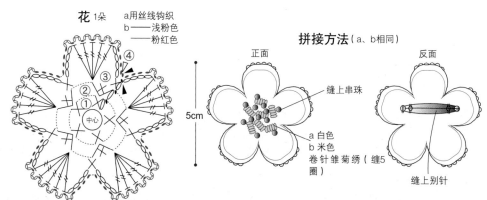

拼接方法（a、b相同）

正面

5cm

缝上串珠

a 白色
b 米色
卷针雏菊绣（缠5圈）

反面

缝上别针

29a photo＊P20

棉线/黄色：6g；绿色：2g
别针（银色）：1个
花用铁丝（30号）：约20cm
钩针：2/0号

29b photo＊P21

棉线/红色：6g；绿色：2g
别针（金色）：1个
花用铁丝（30号）：约20cm
钩针：2/0号

叶子 a、b共通 绿色 2片

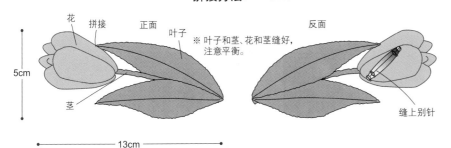

起针织20针
锁针

茎 a、b共通 绿色 1根

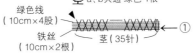

绿色线
（10cm×4股）
铁丝
（10cm×2根）
茎（35针）

※钩织短针时，将2根铁丝和4股线（共6根）一起钩织。
（参照P73-B）。

花 a黄色 1组
   b红色
※按照❶~❻的顺序钩织

花的外侧

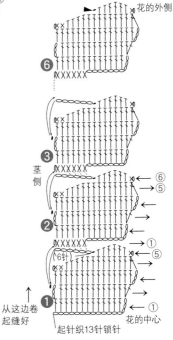

茎侧

从这边卷起缝好

起针织13针锁针

花的中心

拼接方法（a、b相同）

花 拼接 正面 叶子
※叶子和茎、花和茎缝好，注意平衡。

反面

缝上别针

5cm

13cm

30a photo＊P20

棉线/白色：少许；奶白色：1g
绿色：2g
别针（烟熏色）：1个
花用铁丝（30号）：约40cm
钩针：3/0号

30b photo＊P21

棉线/浅紫色：少许；深紫色：
1g；绿色：2g
别针（烟熏色）：1个
花用铁丝（30号）：约40cm
钩针：3/0号

茎 a、b共通 绿色 2根
[与作品29茎的钩织方法相同]

花 4朵
── a白色
   b浅紫色
── b奶白色
   b深紫色

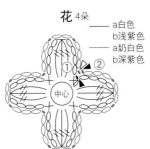
中心

正面 拼接方法（a、b相同） 反面

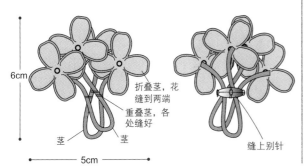

折叠茎，花缝到两端
重叠茎，各处缝好

茎 茎

缝上别针

6cm

5cm

32a photo＊P20

棉线/白色：1g；奶白色：少许；绿色：2g
别针（金色）：1个
钩针：3/0号

32b photo＊P21

聚酯棉线/深粉色：1g；黄色：少许；
绿色：2g
别针（金色）：1个
钩针：3/0号

花 1朵
── a奶白色
   b黄色
── a白色
   b深粉色

中心

叶子 a绿色 2片
     b绿色

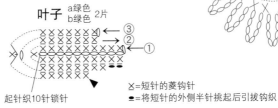

起针织10针锁针

╳＝短针的菱钩针
▬＝将短针的外侧半针挑起后引拔钩织

正面 拼接方法（a、b相同） 反面

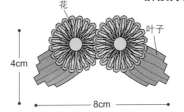

花 叶子

缝上别针

4cm

8cm

※花与花、花与叶子缝好，注意整体平衡。

23

strawberry & grape & butterfly & bee...

part 2　花、水果和植物

香甜的草莓和芳香的蔷薇引来了蝴蝶翩翩飞舞。下面我们介绍几种花朵搭配水果或其他植物的花饰。这些花饰仿佛散发着清香，说不定能吸引到真正的蝴蝶呢。

33

34

35

33 草莓
34 蝴蝶
35 马蹄莲
how to……P26
design 河合真弓

Point Lesson

44 photo＊P32 果实的制作方法

1 钩织至第8行后，在中间塞入棉花。第9行钩织短针2针并1针，减至9针。

2 钩织完第9行后，将线剪断，穿入缝纫针，将头针的内侧半针挑起。

3 挑起9针后将线扭紧。再将相同的针目挑起扭一次，注意拉紧线，然后将针插入编织物中，处理线头。果实完成（右上角图片）。

叶子的钩织方法
（短针的菱形针ⓧ）

1 起针钩织10针锁针，再立织1针锁针，接着按照箭头所示方向将锁针的里山挑起，钩织短针。

2 钩织完10针短针后，将编织物上下颠倒放置，然后按照箭头所示方向将剩余起针针目外侧的半针挑起，再钩织2针短针。

3 在起针顶端的针目中钩织3针短针。

4 按照步骤2的方法，将外侧的半针挑起后钩织第1行。钩织第2行时，看着编织物的反面钩织，将第1行头针外侧的半针挑起后再钩织（右上角图片）。

5 第3行也按同样的要领，将第2行头针的外侧半针挑起后钩织。叶子完成后如图所示，钩织出的针目高低不平。

57、59 photo＊P37 白三叶草的钩织方法和拼接方法

1 钩织完第1行后，继续用锁针和引拔针钩织花瓣。

2 钩织出1片花瓣后，将第1行第1针头针内侧的半针（步骤1图片中箭头所示的位置）挑起引拔钩织。引拔钩织完成后如图所示。

3 继续钩织另一片花瓣，按照箭头所示将第1行第2针头针内侧的半针挑起，引拔钩织。

4 按照同样的方法钩织1圈花瓣。

5 接着再钩织1圈花瓣，将步骤1~4中未挑过的针目，即第1行剩下针目的头针外侧半针挑起，再继续钩织。

6 钩织完2圈花瓣后如图。花瓣呈前后重叠的状态。再钩织1朵相同的花样。

7 2块花样正面朝外合拢，花心的部分缝好。

8 白三叶草的花朵完成。

33 photo＊P24

棉线/红色、白色：各1g；深绿色：3g；浅绿色：
2g；浅黄色、深黄色：各少许
别针（金色）：1个
米褐色拉菲亚纤维：25cm
填充棉：少许
蕾丝针：0号

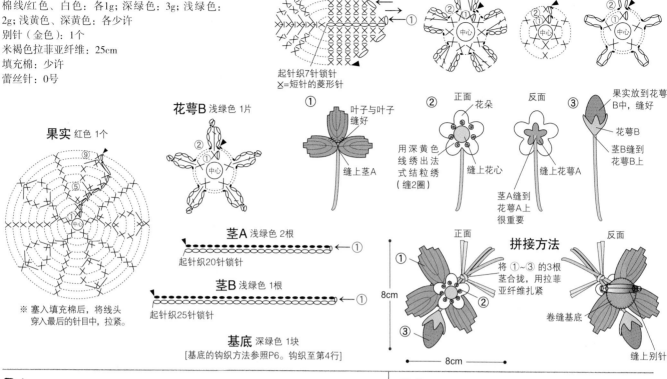

叶子 深绿色 3片

花 白色 1朵　花心 浅黄色 1个　花萼A 浅绿色 1片

起针织7针锁针
╳＝短针的菱形针

① 叶子与叶子缝好　缝上茎A

② 正面 花朵　反面　③ 果实放到花萼B中，缝好

用深黄色线绣出法式结粒绣（缠2圈）　缝上花心　缝上花萼A　花萼B　茎B缝到花萼B上

茎A缝到花萼A上很重要

果实 红色 1个

花萼B 浅绿色 1片

※塞入填充棉后，将线头穿入最后的针目中，拉紧。

茎A 浅绿色 2根
起针织20针锁针

茎B 浅绿色 1根
起针织25针锁针

基底 深绿色 1块
[基底的钩织方法参照P6。钩织至第4行]

拼接方法

将①~③的3根茎合拢，用拉菲亚纤维扎紧
卷缝基底
缝上别针

8cm × 8cm

---

34 photo＊P24

棉线/深粉色：3g；白色：1g；黑色：少许；深绿色、浅绿色：各1g
别针（银色）：1个
蕾丝针：0号

叶子 浅绿色 3片
起针织9针锁针

卷蔷薇 深粉色 1朵
花的外侧　花的中心
起针织8针锁针
从这侧卷起，将起针的锁针缝好

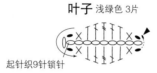

花瓣 深粉色 5片

茎 深绿色 1根
起针织25针锁针

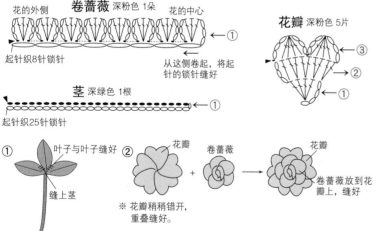

① 叶子与叶子缝好　缝上茎
② 花瓣　卷蔷薇　＋　花瓣　卷蔷薇放到花瓣上，缝好
※花瓣稍稍错开，重叠缝好。

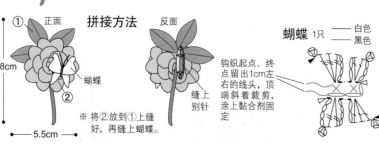

拼接方法
正面　反面
8cm
蝴蝶
※将②放到①上缝好，再缝上蝴蝶。
5.5cm

蝴蝶 1只 —白色 —黑色
钩织起点、终点各留出1cm左右的线头，顶端斜着裁剪，涂上黏合剂固定

---

35 photo＊P24

棉线/白色：2g；深黄色、绿色：各1g
别针（烟熏色）：1个
蕾丝针：0号

茎 绿色 1根
起针织25针锁针

花心 深黄色 1个

花 白色 1朵
花的中心　花的外侧

※不立针锁针，直接钩至第8行。

※反面当做正面。

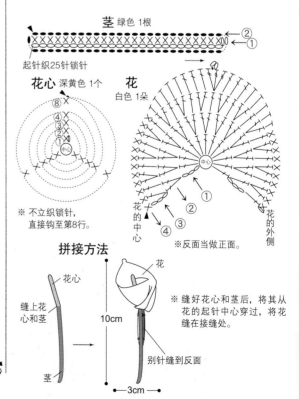

拼接方法
花心　花
缝上花心和茎
10cm
茎
※缝好花心和茎后，将其从花的起针中心穿过，将花缝在接缝处。
别针缝到反面
3cm

36 **ph**oto＊P28

棉线/灰绿色：少许
棉线＜混色＞粉色：2g；紫色：3g；深绿色：1g
别针（金色）：1个
填充棉：少许
蕾丝针：0号

果实 紫色 3个

绳带 灰绿色 1根
钩织48针锁针约16cm

花 3朵 ——粉色 ——灰绿色

叶子 灰绿色 3片
起针织12针锁针

※钩织完后塞入填充棉，
在第5行和第6行间拱
缝，将线拉紧。

※钩织完后塞入填充棉，
在第2行和第3行间拱
缝，将线拉紧。

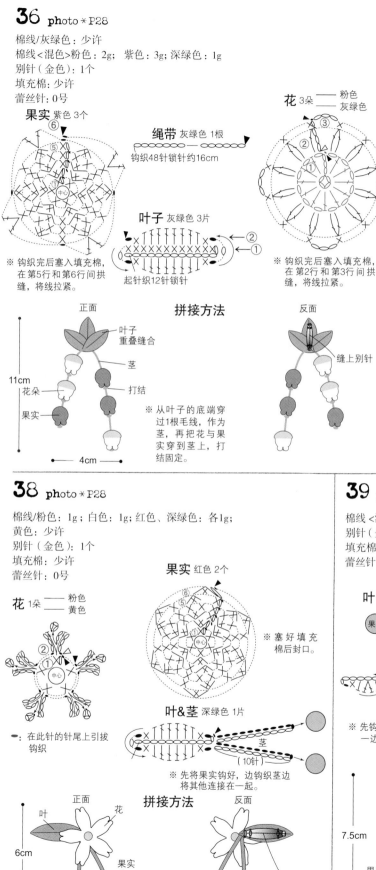

正面
叶子
重叠缝合
茎
花朵
打结
果实
11cm
4cm

拼接方法

反面
缝上别针

※从叶子的底端穿
过1根毛线，作为
茎，再把花与果
实穿到茎上，打
结固定。

37 **ph**oto＊P28

棉线/绿色：少许；粉色：1g；紫色、深绿色：各少许
别针（金色）：1个
填充棉：少许
蕾丝针：0号

花 2朵 ——粉色 ——绿色

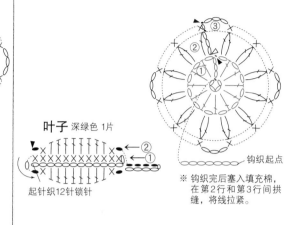

叶子 深绿色 1片
起针织12针锁针

钩织起点

※钩织完后塞入填充棉，
在第2行和第3行间拱
缝，将线拉紧。

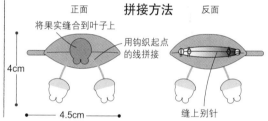

正面
拼接方法
反面
将果实缝合到叶子上
用钩织起点
的线拼接
4cm
4.5cm
缝上别针

38 **ph**oto＊P28

棉线/粉色：1g；白色：1g；红色、深绿色：各1g；
黄色：少许
别针（金色）：1个
填充棉：少许
蕾丝针：0号

花 1朵 ——粉色 ——黄色

果实 红色 2个

※塞好填充
棉后封口。

叶＆茎 深绿色 1片

茎
（10针）

※先将果实钩好，
边钩织茎边
将其他连接在一起。

●━：在此针的针尾上引拔
钩织

正面
叶
花
茎
果实
6cm
4.5cm

拼接方法

反面
缝上别针

※在此叶片上将
花缝合固定。

39 **ph**oto＊P28

棉线＜混色＞/粉色：2g；红色：1g；深绿色：2g；黄色：1g
别针（金色）：1个
填充棉：少许
蕾丝针：0号

叶子 深绿色 1片
果实 果实
起针织7针锁针

果实 红色 2个
[按照作品38果实的方法钩织]

花 4朵
第2行：粉色
第1行：黄色
[按照作品38花的方
法钩织]

※先钩织好果实，然后
一边钩织叶子一边拼接。

基底＆茎 深绿色 1块

基底
茎
（15针）

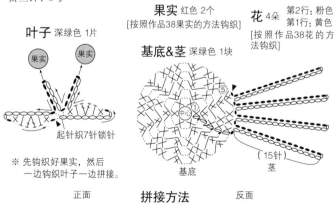

正面
拼接方法
反面

花朵稍微错开，
重叠缝好
缝上别针
7.5cm
叶子
果实
4根茎缝好
固定，再缝
上叶子
卷缝基底
5cm

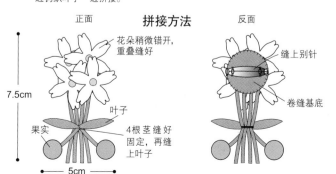

36

37

38

39

圆溜溜的小蓝莓和樱桃。一不小心都会把它吃掉呢。

40、43 扶桑花和菠萝 how to……P30
41、42 西瓜 how to……P31
design 藤田智子

别在挎包或草帽上，洋溢着夏日清新气息的水果。

40 photo＊P29

棉线/红色：2g；橘色：少许；黄色：1g；深绿色：3g；深黄色：1g
别针（金色）：1个
填充棉：少许
蕾丝针：0号

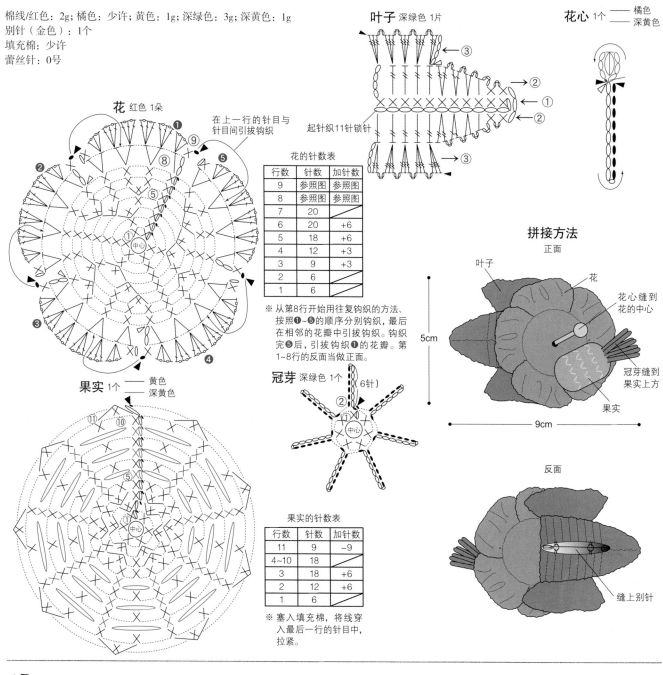

叶子 深绿色 1片

起针织11针锁针

花 红色 1朵

在上一行的针目与针目间引拔钩织

花心 1个 —— 橘色 —— 深黄色

花的针数表

行数	针数	加针数
9	参照图	参照图
8	参照图	参照图
7	20	
6	20	+6
5	18	+6
4	12	+3
3	9	+3
2	6	
1	6	

※ 从第8行开始用往复钩织的方法、
按照❶~❺的顺序分别钩织，最后
在相邻的花瓣中引拔钩织。钩织
完❺后，引拔钩织❶的花瓣。第
1~8行的反面当做正面。

拼接方法

正面

叶子　花
花心缝到花的中心
冠芽缝到果实上方
果实

5cm
9cm

反面

缝上别针

果实 1个 —— 黄色 —— 深黄色

冠芽 深绿色 1个 （6针）

果实的针数表

行数	针数	加针数
11	9	−9
4~10	18	
3	18	+6
2	12	+6
1	6	

※ 塞入填充棉，将线穿
入最后一行的针目中，
拉紧。

---

43 photo＊P29

棉线/黄色：1g；黄绿色：2g；深绿色：1g；深黄色：1g
别针（金色）：1个
填充棉：少许
蕾丝针：0号

果实 1个 —— 黄色 —— 深黄色
[按照作品40的方法钩织]

冠芽 深绿色 1个
[按照作品40的方法钩织]

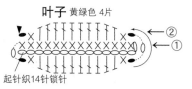

叶子 黄绿色 4片

起针织14针锁针

拼接方法

正面

冠芽缝到果实上方

4cm
6.5cm

叶子稍微错开，重叠缝好
果实缝到叶子上

反面

缝上别针

41 photo＊P29

棉线/翠绿色：3g；黑色：少许；浅黄色、深黄色、深
绿色：各1g
别针（金色）：1个
填充棉：少许
蕾丝针：0号

叶子 深绿色 1片

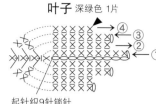

起针织9针锁针
╳=短针菱形针

花 浅黄色 2朵

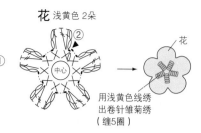

用浅黄色线绣
出卷针雏菊绣
（缠5圈）

果实 翠绿色1个

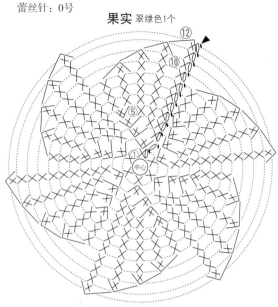

果实针数表

行数	针数	加减针数
12	6	−6
11	12	−6
10	18	−6
9	24	−6
6~8	30	
5	30	+6
4	24	+6
3	18	+6
2	12	+6
1	6	

6cm

※ 第11行钩织完成后，
塞入填充棉。线头
穿过最后一行，拉紧。

拼接方法

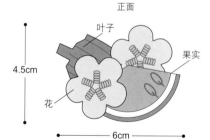

正面

叶子
缝上花朵和叶子
叶子和果实缝到蔓上
果实
用黑色线（4股）
绣出直线绣（6条）
4cm

反面
缝上别针

蔓 翠绿色 1根

这个部分缝到
叶子上

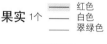

起针织10针锁针
这个部分缝到果实上

---

42 photo＊P29

棉线/茶色：少许；白色、红色、浅黄色、深黄色、
深绿色、翠绿色：各1g
别针（金色）：1个
蕾丝针：0号

花朵 浅黄色 2朵
[按照作品41的方法钩织]

叶子 深绿色 1片
[按照作品41的方法钩织]

拼接方法

正面

叶子
花
果实
4.5cm
6cm

反面
缝上别针

果实 1个

─ 红色
─ 白色
─ 翠绿色

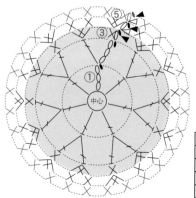

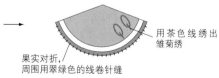

用茶色线绣出
雏菊绣

果实对折，
周围用翠绿色的线卷针缝

果实针数表

行数	针数	加减针数
5	28	
4	28	+7
3	21	+7
2	14	+7
1	7	

放在葡萄酒瓶的包装上，
做件独特的礼物吧。

44 葡萄 point lesson……P25
45、47 葡萄
46 巨峰葡萄
how to……P34
design ENDOU HIROMI

48

49

50

51

带小树枝的花样，
拥有春天般的浅绿色，
秋天般的茶色。

48~51 小树枝和鸟
how to……P35
design ENDOU HIROMI

44 photo＊P32 / point lesson P25

纯毛线/深粉色：3g；紫色：2g；绿色：1g；
茶色：2g
别针（烟熏色）：1个
填充棉：少许
钩针：3/0号

果实
深粉色 3个
紫色 2个

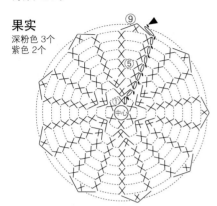

※塞入填充棉后，线头从最后一行
的针目中穿过，拉紧。

叶子的拼接方法

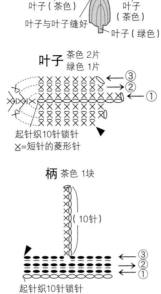

叶子（茶色）　叶子（茶色）
叶子与叶子缝好
叶子（绿色）

叶子 茶色 2片 绿色 1片

起针织10针锁针
×=短针的菱形针

柄 茶色 1块

（10针）

起针织10针锁针
━=将锁针、引拔针外侧的半针挑起

拼接方法

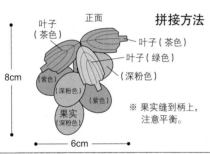

正面
叶子（茶色）　叶子（茶色）
叶子（绿色）
（深粉色）
（紫色）
（深粉色）（紫色）
果实（深粉色）
8cm
6cm

※果实缝到柄上，注意平衡。

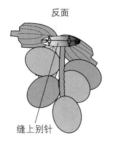

反面
缝上别针

45 photo＊P32

纯毛线/暗紫色、紫色、淡紫色、深粉色、绿色、茶色：各1g
别针（烟熏色）：1个
填充棉：少许
钩针：3/0号

果实
淡紫色、紫色、暗紫色、粉色　各2个

叶子 绿色 2片 茶色 1片

起针织8针锁针
×=短针的菱形针

※塞入填充棉，线头从最后一行的针目中穿过，拉紧。

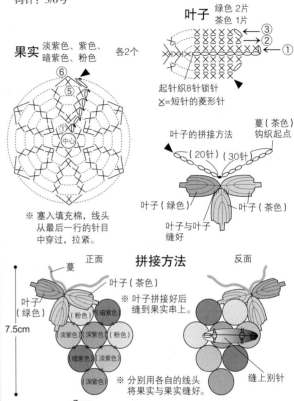

叶子的拼接方法

蔓（茶色）钩织起点
（20针）（30针）
叶子（绿色）　叶子（茶色）
叶子与叶子缝好

拼接方法

正面
蔓
叶子（茶色）
叶子（绿色）
（粉色）（暗紫色）
（淡紫色）（深紫色）（粉色）
（暗紫色）（淡紫色）
（深紫色）
7.5cm
7cm

※叶子拼接好后缝到果实串上。

反面
缝上别针

※分别用各自的线头将果实与果实缝好。

46 photo＊P32

纯毛线/浅绿色：4g；绿色：1g；茶色：少许
别针（银色）：1个
填充棉：少许
钩针：3/0号

柄 绿色 1块
[按照作品44的方法钩织]

蔓 绿色、茶色 各1根
55针锁针

果实 浅绿色 5个

※塞入填充棉后，线头从最后一行的针目中穿过，拉紧。

拼接方法

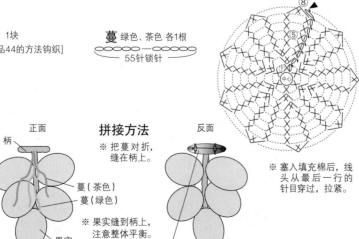

正面
柄
蔓（茶色）
蔓（绿色）
果实
6cm
5cm

※把蔓对折，缝在柄上。
※果实缝到柄上，注意整体平衡。

反面
别针缝到柄上

47 photo＊P32

纯毛线/暗紫色、深紫色、粉色、绿色、茶色：各少许
别针（烟熏色）：1个
填充棉：少许
钩针：3/0号

叶子 茶色 1片

钩织起点

拼接叶子的方法
叶子
在叶子上绣出锁链绣（绿色）

果实B 深紫色、暗紫色、粉色各1个
[按照作品45的方法钩织]

拼接方法

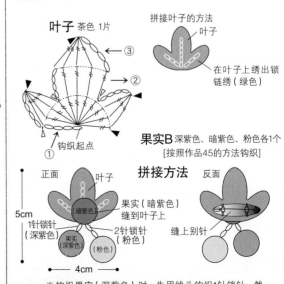

正面
叶子
果实（暗紫色）缝到叶子上
1针锁针（深紫色）
2针锁针（粉色）
（深紫色）（粉色）
5cm
4cm

反面
缝上别针

※钩织果实（深紫色）时，先用线头钩织1针锁针，然后在叶子的起点处引拔钩织。
钩织果实（粉色）时，先用线头钩织2针锁针，然后在叶子的起点处引拔钩织。

48 photo ＊P33

棉线/茶色：2g；米褐色：2g；红色：1g
别针（烟熏色）：1个
钩针：2/0号

果实 红色 2个

叶子A 米褐色 3片

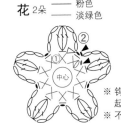

※不要弄到钩织
起点处的中心。

起针织11针锁针

×× ∨ ：将下一行的锁针成束
挑起后再钩织

树枝 茶色 1根

7针锁针

③
②
①

起针织35针锁针

※反面当做正面

起针织10针锁针

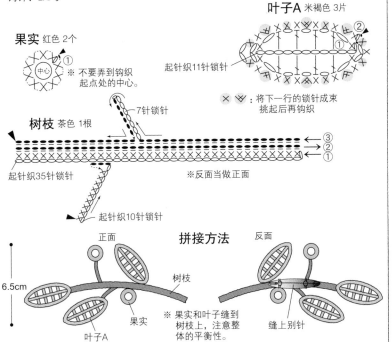

拼接方法

正面 / 反面

6.5cm

树枝

果实

叶子A

缝上别针

※果实和叶子缝到
树枝上，注意整
体的平衡性。

10.5cm

49 photo ＊P33

水洗棉线/粉：1g；米褐色：2g；白色、淡绿色：各少许
别针（烟熏色）：1个
钩针：2/0号

花 2朵 ── 粉色
        ── 淡绿色

果实 白色 2个
[按照作品48果实的方法钩织]

树枝 米褐色 1根
[按照作品48树枝的方法钩织]

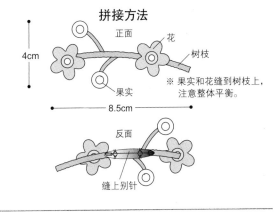

※钩织第2行时，将短针外侧的半针挑
起后再钩织。
※不要弄到钩织起点处的中心。

拼接方法

4cm

正面

花

树枝

果实

※果实和花缝到树枝上，
注意整体平衡。

8.5cm

反面

缝上别针

50 photo ＊P33

水洗棉线/嫩绿色、浅绿色、黄色、白色：各1g
别针（银色）：1个
钩针：2/0号

叶子A 浅绿色 1片
[按照作品48叶子的方法钩织]

花 1朵 ── 白色
       ── 黄色
[按照作品49花的方法钩织]

叶子B 嫩绿色 1片

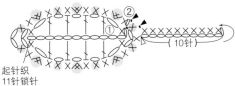

②
①

（10针）

起针织
11针锁针

×× ∨ ：将下一行的锁针成束挑起后再钩织

拼接方法

正面 / 反面

5cm

叶子A

花

叶子B

缝上别针

※按顺序将叶子A、
花缝到叶子B上，
注意整体平衡。

4.5cm

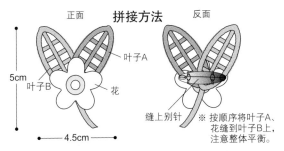

51 photo ＊P33

水洗棉线/浅绿色：2g；嫩绿色：2g；深粉色：1g；浅粉色：2g；黄色：1g；白色：少许
别针（银色）：1个
钩针：2/0号

小鸟的翅膀 黄色 1块

①

起针织10针锁针

小鸟的拼接方法

小鸟B（反面）
小鸟的翅膀（正面）
缝到小鸟A上

小鸟A
（正面）

小鸟A、B正面朝外合拢，
剩余的线塞入中间，再卷缝

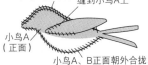

叶子A 嫩绿色 3片
[按照作品48叶子的方法钩织]

树枝 浅绿色 1根
[按照作品48树枝的方法钩织]

花 3朵 ── 浅粉色
       ── 深粉色
[按照作品49花的方法钩织]

小鸟A 1块 ── 黄色
          ── 白色

起针织
20针锁针

小鸟B 黄色 1块

起针织
13针锁针

拼接方法

11cm

正面

树枝

花

小鸟

叶子A

7cm

反面

缝上别针

※将花、叶子、小鸟
缝到树枝上，注意
整体平衡。

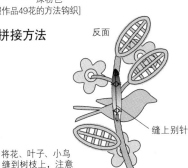

35

野外盛开的可爱小花，
正在采蜜的蜜蜂……

56 三叶草、瓢虫
57 三叶草、白三叶草、瓢虫 point lesson……P25
58 三叶草
59 三叶草、白三叶草 point lesson……P25
how to……P39
design MATSUMOTO KAORU

象征幸福的四瓣三叶草，
再加上小小的瓢虫。

52 photo＊P36

棉线/深粉色：3g；深黄色、嫩绿色、白色：各1g；深宝石绿色：少许

别针（金色）：1个

填充棉：少许

蕾丝针：0号

叶子 深宝石绿色 1片

基底 嫩绿色 1片

[基底的钩织方法参照P6。钩织至第4行]

花A 深粉色、深黄色 1朵

[按照作品53花A的方法钩织]

花B 白色、深黄色 2朵

[按照作品55花B的方法钩织]

反面 深粉色 1块

[按照作品53反面的方法钩织]

花萼 嫩绿色 2片

[按照作品55花萼的方法钩织]

起针织9针锁针

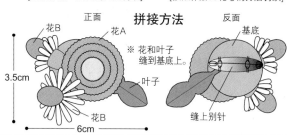

拼接方法

正面

反面

花B 花A

基底

※花和叶子缝到基底上。

叶子

3.5cm

花B

缝上别针

6cm

---

54 photo＊P36

棉线/深黄色：2g；浅蓝色：1g；深粉色：5g；嫩绿色：2g；白色：1g；茶色：1g

别针（金色）：1个

填充棉：少许

蕾丝针：0号

蜜蜂的翅膀 浅蓝色 2块　**蜜蜂主体** 1块

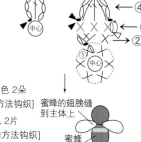

蜜蜂的翅膀缝到主体上

蜜蜂的主体

基底 嫩绿色 1块

[基底的钩织方法参照P6。钩织至第5行]

花A 深粉色、深黄色 2朵

[按照作品53花A的方法钩织]

花B 白色、深黄色 2朵

[按照作品55花B的方法钩织]

反面 深粉色 2块

[按照作品53反面的方法钩织]

花萼 嫩绿色 2片

[按照作品55花萼的方法钩织]

茎A 嫩绿色 2根

[按照作品53茎A的方法钩织]

茎B 嫩绿色 2根

[按照作品55茎B的方法钩织]

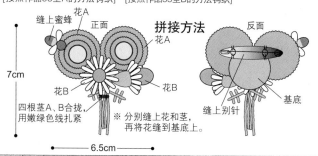

拼接方法

7cm

缝上蜜蜂 正面 花A 反面

花A

花B

花B

基底

四根茎A、B合拢，用嫩绿色线扎紧

缝上别针

※分别缝上花和茎，再将花缝到基底上。

6.5cm

---

53 photo＊P36

棉线/深黄色：少许；粉色：3g；嫩绿色：少许；深宝石绿色：2g

别针（金色）：1个

填充棉：少许

蕾丝针：0号

花A 1朵

反面 深粉色 1块

花样钩织 深粉色

叶子 深宝石绿色 2片

起针织12针锁针

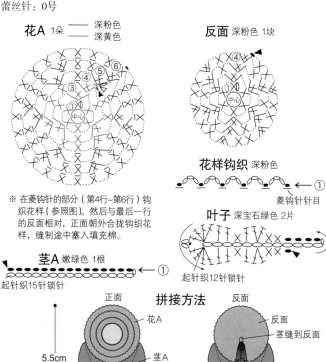

※在菱钩针的部分（第4行~第6行）钩织花样（参照图）。然后与最后一行的反面相对，正面朝外合拢钩织花样，缝制途中塞入填充棉。

茎A 嫩绿色 1根

起针织15针锁针

拼接方法

正面 反面

5.5cm

花A

茎A

叶子

叶子与茎A缝好

茎缝到反面

缝上别针

4.5cm

---

55 photo＊P36

棉线/深黄色：2g；嫩绿色：2g；白色：1g

别针（金色）：1个

填充棉：少许

蕾丝针：0号

花B 3朵

花萼 嫩绿色 3片

茎B 嫩绿色 3根

起针织20针锁针

※钩织完花B的第5行后，与花萼正面朝外相对合拢，将内侧的半针挑起缝合的同时钩织第6行（之前钩织好花B），并在花萼的内侧塞入填充棉。

拼接方法

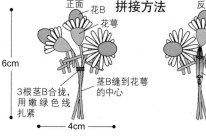

6cm

正面 花B

花萼

反面

3根茎B合拢，用嫩绿色线扎紧

茎B缝到花萼的中心

缝上别针

4cm

38

56 photo * P37

棉线/墨绿色：1g；浅绿色、红色、黑色：各少许
别针（金色）：1个
黑色小圆珠：5颗

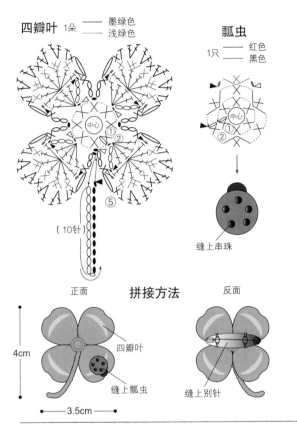

四瓣叶 1朵 ── 墨绿色
　　　　　 ── 浅绿色

瓢虫
1只 ── 红色
　　 ── 黑色

中心
①②
⑤
（10针）

缝上串珠

拼接方法
正面　　　　　　反面
4cm
四瓣叶
缝上瓢虫
缝上别针
3.5cm

58 photo * P37

棉线/浅绿色、墨绿色：各1g；黄色：少许
别针（金色）：1个
蕾丝针：0号

四瓣叶的配色表

四瓣叶	a	b
a:1块	── 浅绿色	墨绿色
b:1块	黄色	浅绿色

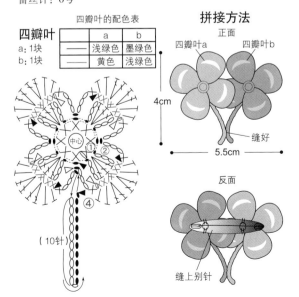

中心
①②
④
（10针）

拼接方法
正面
四瓣叶a　　四瓣叶b
4cm
缝好
5.5cm

反面
缝上别针

57 photo * P37 / point lesson P25

棉线/白色：1g；墨绿色：2g；浅绿色：1g；红色、黑色、白色：各少许
别针（金色）：1个
黑色小圆珠：5颗

三瓣叶 a:1块
　　　 b:2块
[按照作品59三瓣叶的方法钩织]

白三叶草 白色 4片
[按照作品59花的方法钩织]

瓢虫 1只
[按照作品56瓢虫的方法钩织]

茎 浅绿色 2根
[按照作品59茎的方法钩织]

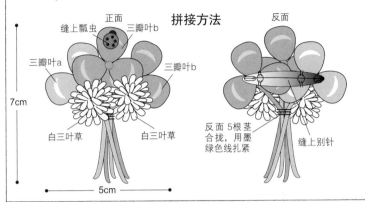

拼接方法
正面
缝上瓢虫　　　三瓣叶b
三瓣叶a　　　　　　三瓣叶b
7cm
白三叶草　　白三叶草
5cm

反面
反面5根茎
合拢，用墨
绿色线扎紧
缝上别针

59 photo * P37 / point lesson P25

棉线/白色：少许；浅绿色：1g；墨绿色：1g
别针（金色）：1个
米褐色细绳：20cm
蕾丝针：2号

三瓣叶

三瓣叶的配色表

三瓣叶	a	b
a:1块	── 浅绿色	墨绿色
b:1块	黄色	浅绿色

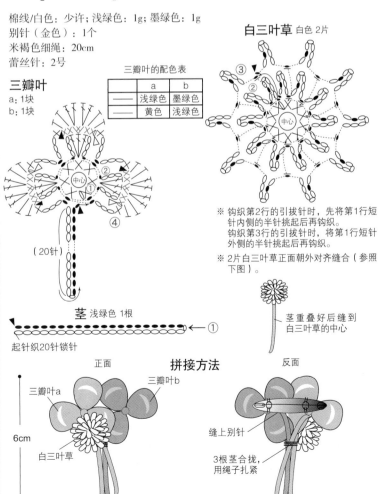

中心
②①
④
（20针）

白三叶草 白色 2片
③②
中心

※钩织第2行的引拔针时，先将第1行短
针内侧的半针挑起后再钩织。
钩织第3行的引拔针时，将第1行短针
外侧的半针挑起后再钩织。

※2片白三叶草正面朝外对齐缝合（参照
下图）。

茎重叠好后缝到
白三叶草的中心

茎 浅绿色 1根 ←──①
起针织20针锁针

拼接方法
正面
三瓣叶a　　　三瓣叶b
6cm
白三叶草
5cm

反面
缝上别针
3根茎合拢，
用绳子扎紧

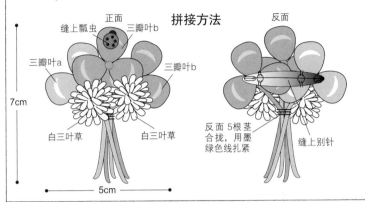

design MATSUMOTO KAORU

60

part 3

61

和之花

介绍几种宁静中透露几分华丽的花饰。
大朵的牡丹和菊花，小朵的梅花和桃花等
大小各异的花朵都能钩织成花饰。
可以用来装饰腰带、用做发饰，
即能搭配正装，又能搭配休闲装，非常时尚随意。

62

peony & camellia & peach blossom...

Point Lesson

60 photo * P40 花瓣的钩织方法 (短针的正拉针 ↻)

（反面）

（正面）

1 钩织第5行时，看着编织物的反面钩织，因此钩织出的是与记号相反的"短针的正拉针"。钩织完第4行后，再立织1针锁针，然后将编织物翻到反面。接着按照箭头所示方法将钩针插入第2行短针的尾针中。

2 针上挂线，按照箭头所示引拔穿出，再次挂线，引拔穿过2个线圈。

3 钩织完1针短针的正拉针。继续用锁针和短针的正拉针钩织1圈。钩织完成后如左下角图片所示。

4 钩织第6行时，翻到编织物正面，然后将第5行的锁针成束挑起，再钩织花瓣。

61 photo * P40 花瓣的钩织方法

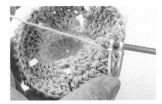

1 钩织完第5行后，暂时停下蓝色的线，将白色的新线拼接到第5行的锁针部分，再引拔钩织。接着织1针锁针。

2 然后将钩针插入第4行锁针的下方，引拔钩织。接着再织1针锁针。

3 挑起2针第3行的短针，钩织短针2针并1针。然后按照步骤1、2的要领，用锁针和引拔针织至第5行。

4 钩织完成后，将钩针插入之前停下的蓝色针目中引拔钩织。引拔钩织后，再用蓝色的线织1针锁针。

5 接着织12针短针，不过此时要与白色的线一起钩织。

6 钩织完12针短针后，暂时停下蓝色的线。将钩针插入第5行锁针的方向，把刚才一起钩织的白色线拉出。

7 拉出后再按步骤1~4的方法钩织。

8 重复步骤1~7，钩织完1圈后，在最初的针目中完成引拔钩织。

65 photo * P44 花瓣的拼接方法

1 钩针插入基底短针的条纹针中(头针的内侧半针)，接入新线。

2 接着用锁针和引拔针钩织1片花瓣。

3 钩织完1片后，将基底的第2针条纹针挑起，再引拔钩织。引拔钩织完成后如图所示。

4 用同样的方法，在基底的条纹针中钩织出指定数量的花瓣。

60 photo ＊P40 / point lesson P41

纯毛线/深粉色：3g；绿色：1g；黄色：少许
别针（金色）：1个
钩针：3/0号

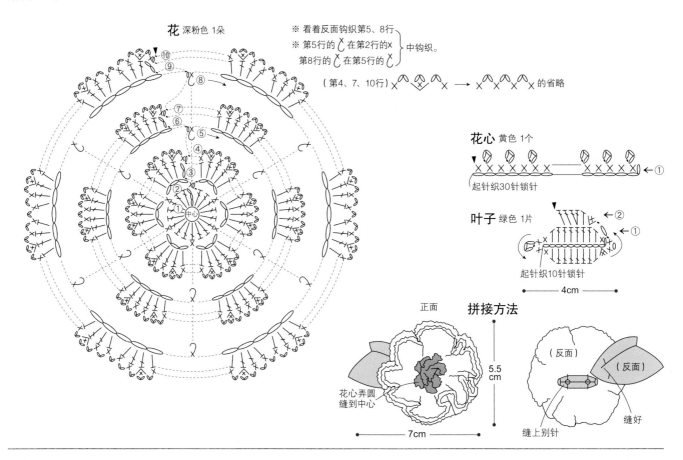

花 深粉色 1朵

※ 看着反面钩织第5、8行
※ 第5行的 ᕁ 在第2行的x 中钩织。
　 第8行的 ᕁ 在第5行的 ᕁ 中钩织。
（第4、7、10行）x∧◇∧x → x∧∧∧x 的省略

花心 黄色 1个
起针织30针锁针

叶子 绿色 1片
起针织10针锁针
4cm

正面　拼接方法
花心弄圆缝到中心
7cm
5.5cm
（反面）
（反面）
缝上别针
缝好

61 photo ＊P40 / point lesson P41

棉线/蓝色：2g；白色、绿色：各少许
别针（金色）：1个
蕾丝针：2号

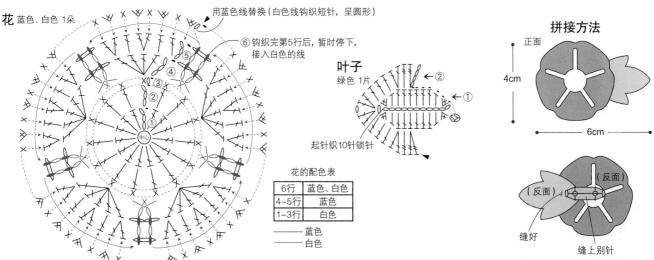

花 蓝色、白色 1朵

用蓝色线替换（白色线钩织短针，呈圆形）
⑥钩织完第5行后，暂时停下，接入白色的线

叶子
绿色 1片
起针织10针锁针

拼接方法
正面
4cm
6cm
（反面）
（反面）
缝好
缝上别针

花的配色表

6行	蓝色、白色
4~5行	蓝色
1~3行	白色

—— 蓝色
—— 白色

62 photo * P40

棉线/白色：1g；深黄色、橘色：各少许
别针（金色）：1个
蕾丝针：0号

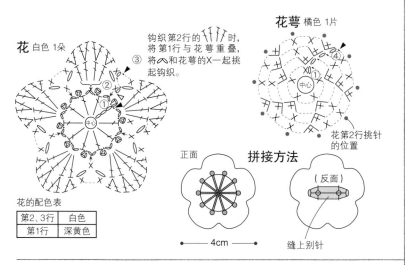

花 白色 1朵

钩织第2行的 时，
将第1行与花萼重叠，
③ 将 和花萼的X一起挑
起钩织。

花萼 橘色 1片

④

中心

花第2行挑针
的位置

花的配色表

第2、3行	白色
第1行	深黄色

正面   拼接方法

（反面）

← 4cm →   缝上别针

63 photo * P44

棉线/紫色、白色、黄色：各2g；嫩绿色：1g
别针（烟熏色）：1个
蕾丝针：0号

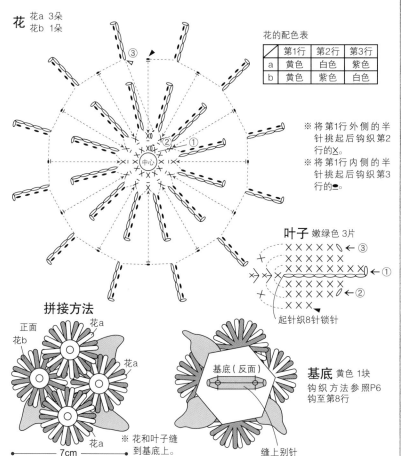

花 花a 3朵
花b 1朵

中心

花的配色表

	第1行	第2行	第3行
a	黄色	白色	紫色
b	黄色	紫色	白色

※将第1行外侧的半
针挑起后钩织第2
行的X。
※将第1行内侧的半
针挑起后钩织第3
行的●。

叶子 嫩绿色 3片

←③
←①
←②

起针织8针锁针

基底 黄色 1块
钩织方法参照P6
钩至第8行

拼接方法

正面
花b
花a
花a
花a

基底（反面）

※花和叶子缝
到基底上。

← 7cm →   缝上别针

64 photo * P44

棉线/嫩绿色：3g；淡黄色：2g；姜黄色、灰绿色：各1g
别针（烟熏色）：1个
蕾丝针：0号

花心
花萼 各自钩织
至第1行

花瓣 先钩织好花心和花
萼，然后将它们正面
相对合拢，拉紧线，
钩织第2行

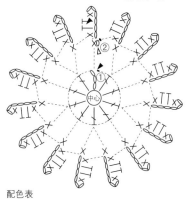

②
中心
①

配色表

	花心	花萼	花瓣
花a 1朵	灰绿色	嫩绿色	姜黄色
花b 2朵	灰绿色	嫩绿色	淡黄色

基底和茎 嫩绿色 1块

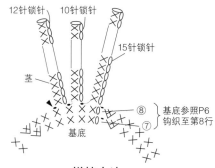

12针锁针   10针锁针

15针锁针

茎

基底   ⑧ 基底参照P6
钩织至第8行
⑦

拼接方法

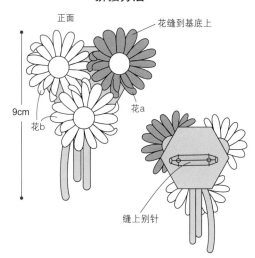

正面   花缝到基底上

花a

9cm

花b

缝上别针

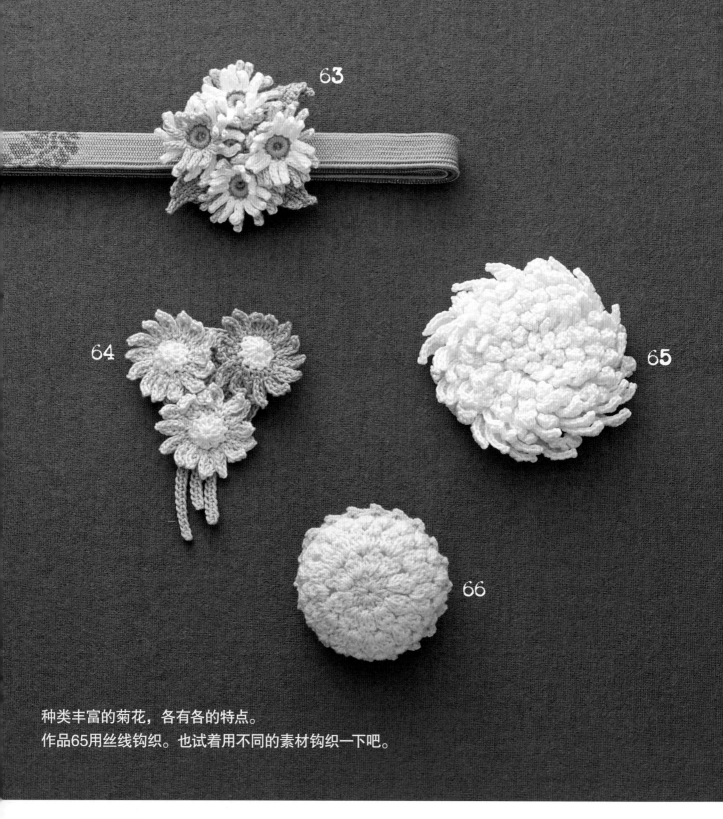

种类丰富的菊花，各有各的特点。
作品65用丝线钩织。也试着用不同的素材钩织一下吧。

63、64 多头小菊 how to……P43
65 菊花 how to……p50, point lesson……P41
66 绒球菊 how to……P47
design ENDOU HIROMI

67

68

69

70

作品67部分使用了段染线，色泽更加逼真。

67 photo ✽ P45

棉线/白色：4g；嫩绿色：1g；紫色：少许；<混色>浅绿色：1g
别针（银色）：1个
蕾丝针：0号

花
※按照配色表钩织拼接12朵。

从★处继续钩织花b

花b

从☆处继续用花b的
线钩织8针锁针

花a
（中心） ①
②

叶子 嫩绿色 1片

②
①

起针织15针锁针

花的配色表

花a	紫色
花b~d	浅绿色
花e~k	白色
花l	浅绿色

拼接方法

正面

g f
h e a
l
k i d b
j c

花朵依次重叠，
缝到基底上

8cm

9cm

基底 白色 1块
钩织方法参照P6
钩织至第6行

①顶端卷针缝

基底
（反面）

叶子（反面）

花
反面

②缝上别针

68 photo ✽ P45

棉线/浅粉色：1g；粉色：2g；嫩绿色：3g
别针（银色）：1个
蕾丝针：0号

花 粉色
参照作品67的
花a钩织6朵

③
②
①

（第2行 ）=长长针的反拉针
（参照P53）

衬底 1块

衬底配色表

第2、3行	嫩绿色
第1行	浅粉色

拼接方法

正面

7cm

9.5cm

花缝到衬底上

基底 嫩绿色 1块
钩织方法参照P6
钩织至第5行

①基底、叶子缝到衬底上

衬底（反面）

花（反面）

叶子（反面）

基底（反面）

②缝上别针

叶子 嫩绿色 1片
参照作品67的叶子钩织

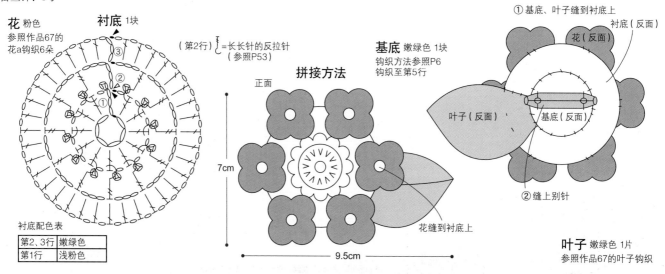

66 photo＊P44

棉线/浅黄色：2g；绿色：2g
别针（银色）：1个
填充棉：少许
钩针：3/0号

花
1朵

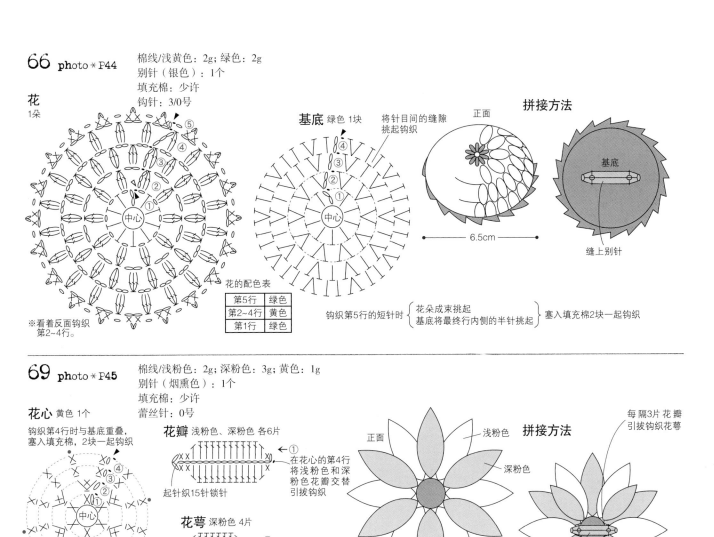

基底 绿色 1块

将针目间的缝隙挑起钩织

正面

拼接方法

6.5cm

缝上别针

花的配色表

第5行	绿色
第2~4行	黄色
第1行	绿色

钩织第5行的短针时 { 花朵成束挑起 基底将最终行内侧的半针挑起 } 塞入填充棉2块一起钩织

※看着反面钩织第2~4行。

---

69 photo＊P45

棉线/浅粉色：2g；深粉色：3g；黄色：1g
别针（烟熏色）：1个
填充棉：少许
蕾丝针：0号

花心 黄色 1个

钩织第4行时与基底重叠，塞入填充棉，2块一起钩织

花瓣 浅粉色、深粉色 各6片

起针织15针锁针

在花心的第4行将浅粉色和深粉色花瓣交替引拔钩织

花萼 深粉色 4片

起针织11针锁针

在花心第4行（·印记处）引拔钩织

基底 黄色 1块
钩织方法参照P6
钩织至第2行

× =短针的条纹针
● =引拔钩织花萼的位置

正面
浅粉色
深粉色

拼接方法

每隔3片花瓣引拔钩织花萼

缝上别针

10cm

---

70 photo＊P45

棉线/嫩绿色、深宝石绿色：各2g；浅粉色、深粉色：各少许
别针（烟熏色）：1个
花用铁丝（26号）：约20cm
蕾丝针：0号

叶子

将针目间的缝隙成束挑起钩织

花蕾 浅粉色 深粉色 } 各1朵

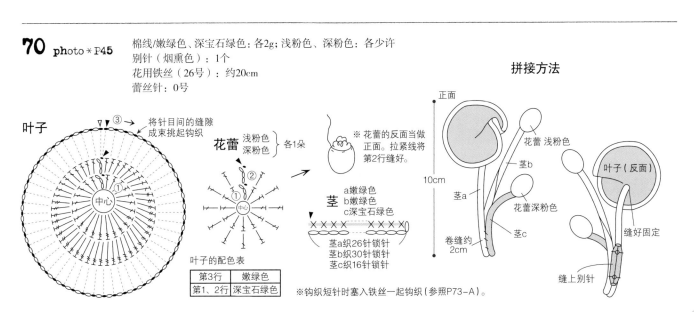

※花蕾的反面当做正面。拉紧线将第2行缝好。

茎 a嫩绿色 b嫩绿色 c深宝石绿色

茎a织26针锁针
茎b织30针锁针
茎c织16针锁针

拼接方法

正面
花蕾 浅粉色
茎b
叶子（反面）
茎a
花蕾深粉色
茎c
卷缝约2cm
10cm
缝好固定
缝上别针

叶子的配色表

第3行	嫩绿色
第1、2行	深宝石绿色

※钩织短针时塞入铁丝一起钩织（参照P73-A）。

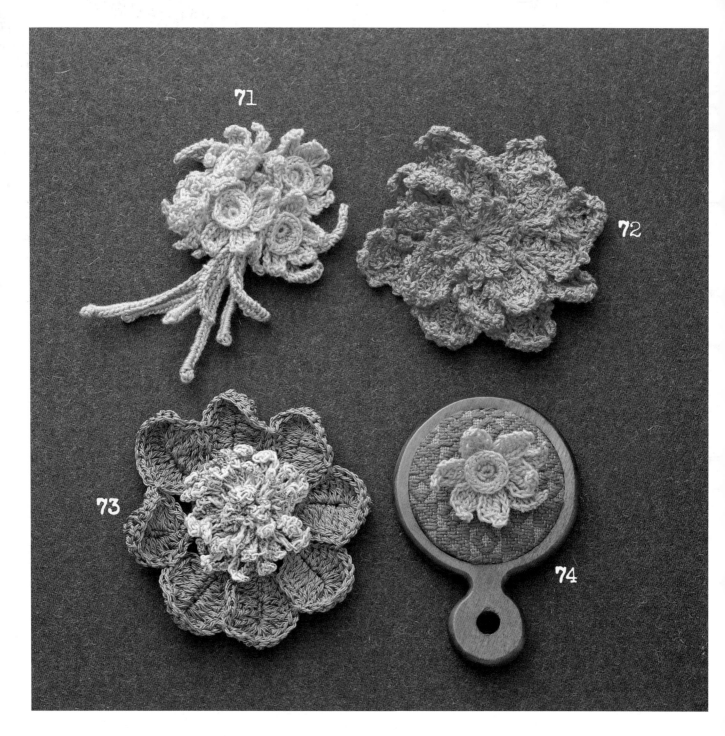

71

72

73

74

小花拼成的花束，或是单独的一朵花样，都别有风味。

71 水仙 how to……P50

72 芍药 how to……P51

73 芍药 how to……P63

74 水仙 how to……P51

design 冈本启子

make ＊播口久子 **72**、**73** ＊松原悦子

将这些小花用做发饰非常漂亮。将头发盘起，更显雅致。

75 山茶花 how to……P63

76 桃花 how to……P51

77 桃花 how to……P66

78 山茶花 how to……P58

design 冈本启子

make＊播口久子

65 photo＊P44 / point lesson P41

丝线/白色：10g
别针（银色）：1个
钩针：2/0号

● 第3行的花瓣（18片）
● 第4行的花瓣（24片）

将基底条纹针内侧的半针挑起后引拔钩织
基底的第3行

※第3行之后，花瓣的钩织起点与第2相同。

将基底条纹针内侧的半针挑起后引拔钩织
基底的第4行

● 第1行的花瓣

将基底条纹针内侧的半针挑起后引拔钩织

中心

基底的第1行

基底参照P6钩织，然后钩织7行短针的条纹针，再继续钩织花瓣

● 第2行的花瓣（12片）

从☆处开始继续引拔钩织

将基底条纹针内侧的半针挑起后引拔钩织

基底的第2行

● 第7行的花瓣（21片）

基底的第7行

将基底条纹针内侧的半针挑起后引拔钩织

● 第5行的花瓣（30片）
● 第6行的花瓣（18片）

将基底条纹针内侧的半针挑起后引拔钩织

基底的第5行

将基底条纹针内侧的半针挑起后引拔钩织

基底的第6行

拼接方法

8cm

反面

缝上别针

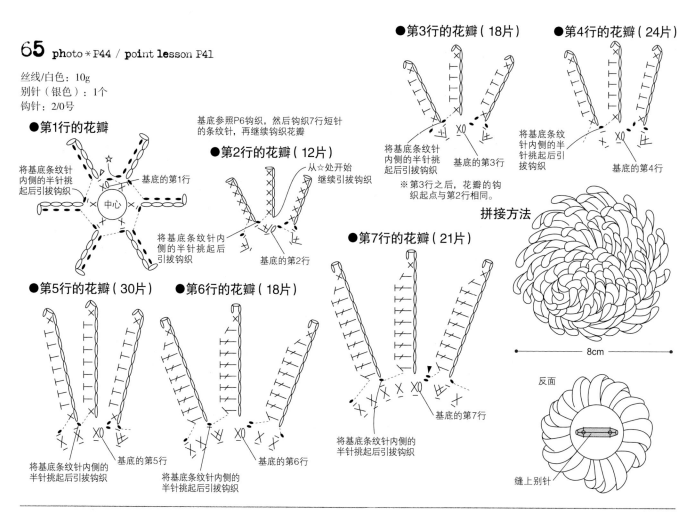

---

71 photo＊P48

水洗棉线/黄色：3g；米褐色：1g；绿色：3g
花用铁丝（30号）：11cm 10根
编织环扣（直径12mm）：5个
莲蓬头式别针（金色）：1个
钩针：3/0号

花 黄色 5朵

中心

叶子 绿色 3片

起针织12针锁针

花心缝到花上

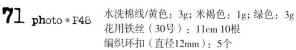

叶子（反面）

② 叶子缝到茎上
※ 茎上缝2片叶子。

① 茎再缝到花上
※ 制作3根。

拼接方法

①
5朵花合拢，用绿色的线扎紧

12cm

②
根部缝上1片叶子

反面

缝上莲蓬头式别针

花心

米褐色 5个

在环扣中钩织16针短针

环扣的钩织方法

环扣

1 针上挂线，按照箭头所示方向引拔钩织。

2 环扣下方从内向外绕针，再挂线，钩织短针。

3 钩织完1针。

4 重复步骤2～3，钩织出必要的针数。针目要紧密，使中间的环扣不会露出来。

茎 绿色 5根

茎 8cm

※ 钩织短针时，直接将2根铁丝和1根线一起钩织（参照P73-B）

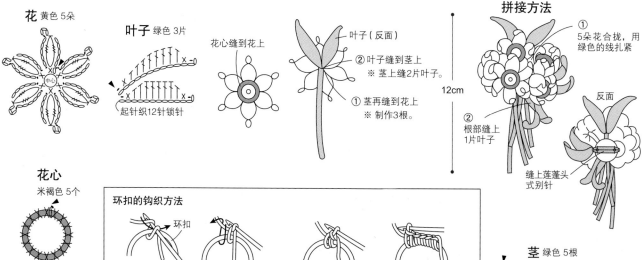

72 photo * P48

聚酯棉线/浅粉色：6g；深粉色：4g
别针（银色）：1个
钩针：5/0号

基底 浅粉色 1块
钩织方法参照P6
钩织至第7行

花瓣a 1片

花瓣b 1块

花瓣a、b的配色表

第4行	深粉色
第1~3行	浅粉色

中心

中心

第3行╳=短针的条纹针

拼接方法

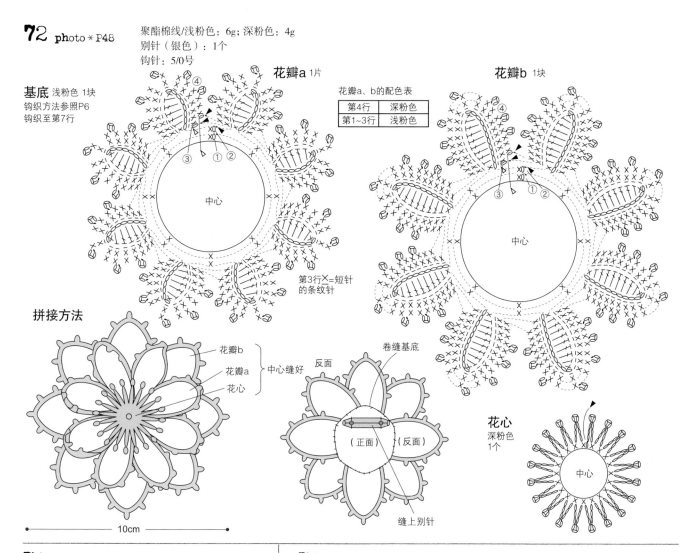

花瓣b
花瓣a
花心
} 中心缝好

卷缝基底

（正面） （反面）

缝上别针

花心
深粉色
1个

中心

⊢———— 10cm ————⊣

---

74 photo * P48

水洗棉线/黄色、米褐色、绿色：各少许
编织环扣（直径12mm）：1个
别针（烟熏色）：1个
钩针：3/0号

叶子 绿色 1片

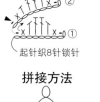

起针织8针锁针

●花、花心参照P50
作品71的方法钩织
●花用黄色
●花心用米褐色

拼接方法

花心
叶子

缝到花上

反面

缝上别针

⊢——— 5cm ———⊣

---

76 photo * P49

聚酯棉线/深粉色：1g；浅粉色、绿色：各少许
别针（烟熏色）：1个
钩针：3/0号

花 深粉色 1朵

中心

花心 浅粉色 1朵

拼接方法

⊢—— 5.5cm ——⊣

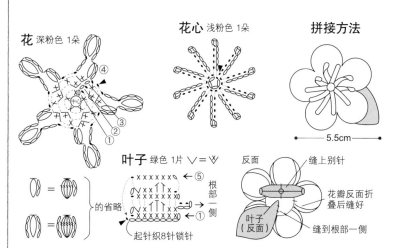

叶子 绿色 1片 ∨=⋎

的省略

起针织8针锁针

根部一侧

反面

缝上别针

花瓣反面折叠后缝好

叶子
（反面）

缝到根部一侧

---

linen &
spangled yarn &
andaria

design MATSUI MIYUKI

79

80

81

part 4

独具匠心的素材

介绍几种用亚麻、亮片毛线、纸线绳等人气素材钩织而成的各式花饰。

选择哪种素材钩织,也是一种乐趣。

考虑到呈现的不同效果,钩织出一朵专属于你自己的花饰吧!

Point Lesson

88 photo * P57 花·第2行的钩织方法(长针的正拉针 、反拉针)

1 由于是看着编织物的反面钩织，因此钩织出的针目与记号图相反。钩织完第1行后，再立织3针锁针，然后翻转编织物。在针上挂线，按照箭头所示，从反面将针插入第1行长针的尾针中。

2 针上挂线，按照箭头所示，在编织物的外侧将线拉出。

3 拉出并拉长线，在针上挂线，引拔穿过2个线圈。同样的动作重复1次，长针的反拉针完成。

4 继续钩织1针长针的反拉针，接着钩织长针的正拉针。针上挂线，按照箭头所示，从正面将针插入第1行长针的尾针中。

5 针上挂线，按照箭头所示引拔出线。

6 拉出并拉长线，然后在针上挂线，引拔穿过2个线圈。

7 长针的正拉针完成。

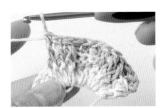

8 按照同样的方法，长针的正拉针和反拉针各钩3针，如此交替继续钩织。

91ab photo * P61 茎的钩织方法

1 钩织起点留出30cm左右的线头，钩织完1朵花后，不用剪断线，然后将编织物翻到反面。

2 钩织起点的线头和毛线团一侧的线一起钩织出锁针。

3 钩织约3.5cm。

4 针上挂线拉出，剪断线。然后线从缝纫针中穿过，再从锁针的针目中穿过，处理线头。

94 photo * P64 花瓣的拼接方法

1 钩织完基底后，将钩针插入基底第2行条纹针的条纹中（即第1行头针针目内侧的半针），接线。

2 钩织4针锁针后，在第4行条纹针的条纹部分（即第3行头针针目内侧的半针）处引拔钩织。再立织1针锁针，然后翻到反面。

3 将锁针成束挑起，钩织短针。钩织6针短针后如左下图所示。

4 继续钩织第2行。钩织完1片花瓣后如图片所示。用同样的方法在基底上钩织出6片花瓣。

79

亮片毛线/米褐色：11g
直径0.6cm的珍珠串珠（金色）：6颗
别针（银色）：1个
钩针：5/0号

拼接方法

花 1朵

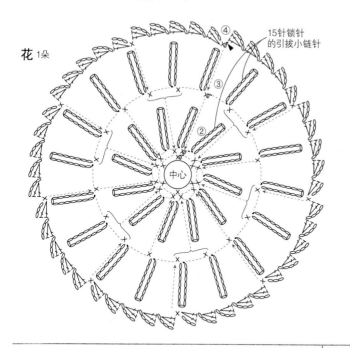

④
15针锁针
的引拔小链针
③
②
中心

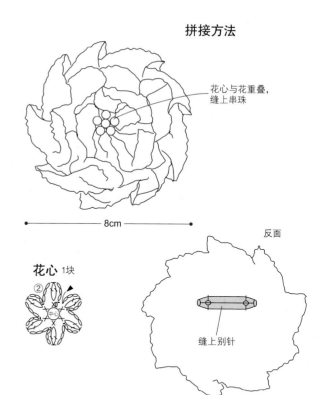

花心与花重叠，
缝上串珠

8cm

花心 1块

②
中心

反面

缝上别针

80

纸线绳毛线/红色：5g
黑色花蕊：50根
别针（银色）：1个
钩针：7/0号

拼接方法

花
1朵

根部一侧

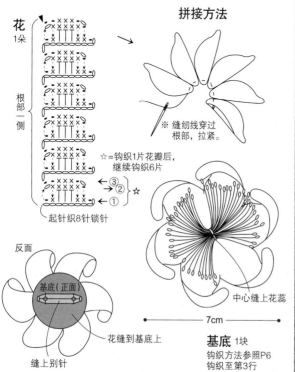

※缝纫线穿过
根部，拉紧。

☆=钩织1片花瓣后，
继续钩织6片

③
② ☆
①

起针织8针锁针

反面

基底（正面）

花缝到基底上

缝上别针

中心缝上花蕊

7cm

基底 1块
钩织方法参照P6
钩织至第3行

82

亚麻线/白色：5g；淡蓝色：4g
别针（银色）：1个
钩针：5/0号

花瓣 6片

②
①

起针织6针锁针

花心 淡蓝色 1片

②
①
中心

花瓣的配色表

2行	淡蓝色
1行	白色

※钩织6片花瓣，
缝到基底上。

（反面）
①与基底的中心对齐
（反面）
②缝好

拼接方法

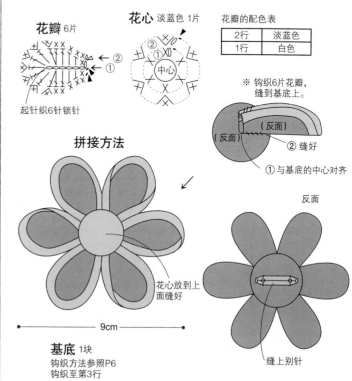

花心放到上
面缝好

反面

缝上别针

9cm

基底 1块
钩织方法参照P6
钩织至第3行

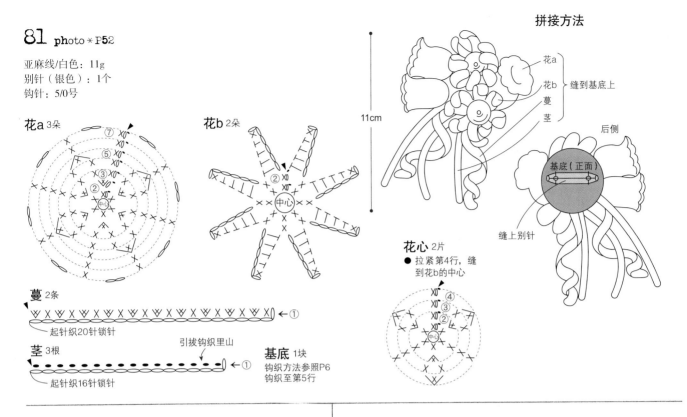

81 photo * P52

亚麻线/白色：11g
别针（银色）：1个
钩针：5/0号

拼接方法

花a 3朵

花b 2朵

11cm

花a
花b
蔓
茎
缝到基底上

后侧

基底（正面）

花心 2片
● 拉紧第4行，缝到花b的中心

缝上别针

蔓 2条
起针织20针锁针

引拔钩织里山

茎 3根
起针织16针锁针

基底 1块
钩织方法参照P6
钩织至第5行

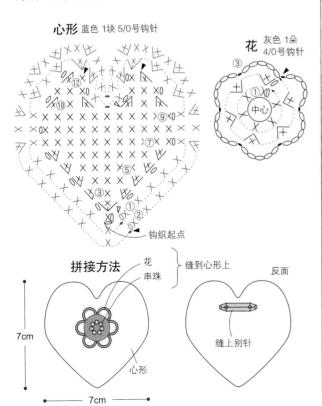

83 photo * P56

亚麻线/蓝色：4g；灰色：4g
直径0.3cm的串珠（银色）：7颗
别针（银色）：1个
钩针：4/0号、5/0号

心形 蓝色 1块 5/0号钩针

花 灰色 1朵 4/0号钩针

钩织起点

拼接方法
花
串珠
缝到心形上

心形
7cm

反面

缝上别针

7cm

---

84 photo * P56

亚麻线/蓝色：5g；白色：2g
别针（银色）：1个
钩针：3/0号

花 3朵

花心 白色 3个

花的配色表

5行	白色
1~4行	蓝色

② 花缝到基底上

拼接方法

① 花心缝到花上

反面

基底（正面）

缝上别针

基底 1块
钩织方法参照P6
钩织至第7行

7.5cm

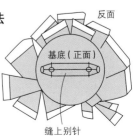

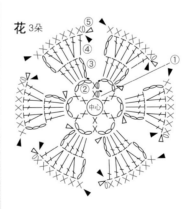

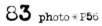

55

花心中加入串珠，更显雅致。
深蓝色也适合搭配休闲服饰。

亚麻

82 how to……P54

83、84 how to……P55

85 how to……P58

design MATSUI MIYUKI

亚麻

design MATSUI MIYUKI

大大的花饰搭配手提包或帽子,
一定是亮点!

86

87

88

棉线/红色：5g；黄色：少许
别针（银色）：1个
钩针：3/0号

花 红色 1朵

将长针的柱挑起，再引拔钩织

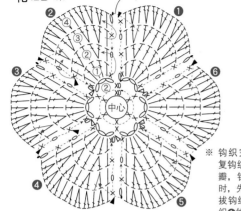

花心 黄色 1个

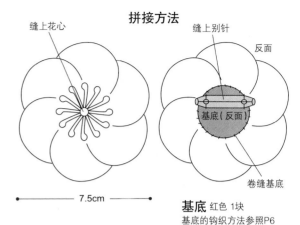

缝上花心

拼接方法

缝上别针

反面

基底（反面）

卷缝基底

7.5cm

※钩织完第2行后，再用往复钩织的方法钩织各片花瓣，钩织第4行的引拔针时，先在相邻的花瓣中引拔钩织，钩织完❻后再钩织❶的花瓣。

基底 红色 1块
基底的钩织方法参照P6
钩织至第5行

亚麻线/白色：3g；米褐色：1g
珍珠串珠直径0.4cm：5颗、0.6cm：4颗
别针（银色）：1个
钩针：5/0号

花a 白色 1朵

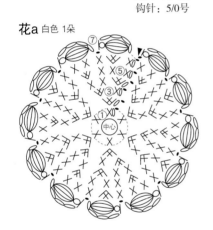

花b 米褐色 1朵

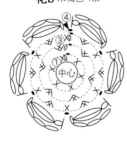

拼接方法

花b缝到花a上

缝上串珠

反面

7cm

缝上别针

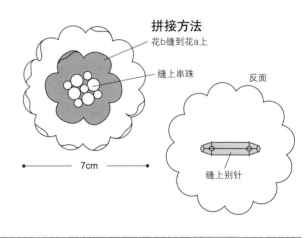

亚麻线/白色：7g；米褐色：2g
别针（银色）：1个
钩针：5/0号

花 3朵

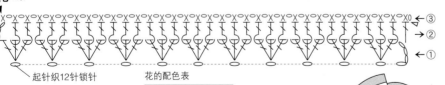

起针织12针锁针

3行	米褐色
1、2行	白色

花的配色表

🛇 =长针的正拉针

🛇 =长针的反拉针

基底 白色 1块
钩织方法参照P6
钩织至第5行

反面

基底（正面）

缝上别针

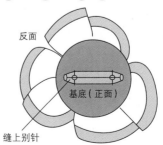

拼接方法

将花瓣卷起来，缝合固定在基底上

7cm

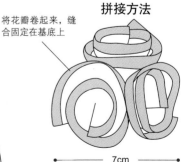

亚麻线/蓝灰色：6g；紫色、白色：各2g
别针（银色）：1个
填充棉：少许
钩针：5/0号

花a 紫色 2朵

花b 白色 2朵

7针

花心
白色 2个
钩织3针锁针，
缝到花a的中心

果实 蓝灰色 3个

第7行时塞入填充棉，
再钩织第8行

※ 线从钩织终点的
针目中穿过，拉紧。

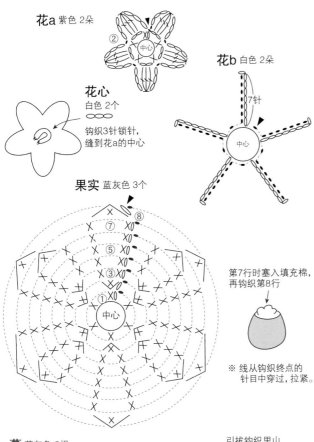

蔓 蓝灰色 2根

引拔钩织里山

起针织24针锁针

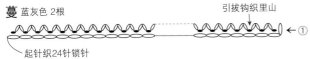

拼接方法

果实

缝上花a、花b、
果实、蔓

反面

花b
花a

蔓

11cm

基底（正面）

缝上别针

8.5cm

基底 蓝灰色 1块
钩织方法参照P6
钩织至第5行

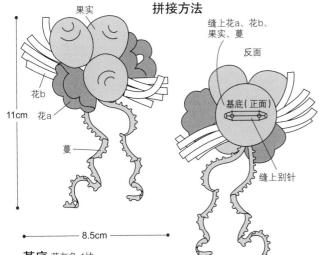

麻线/白色：14g；浅褐色：2g
别针（银色）：1个
填充棉：少许
钩针：5/0号

花 1朵

花的配色表

7行	浅褐色
1~6行	白色

叶子 白色 3片

花心 白色、浅褐色 1个

花蕾
白色、浅褐色 3个

起针织3针锁针

※ 花心和花蕾用浅褐色
线钩织第3行。

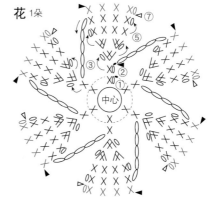

11cm

拼接方法

花
花蕾
叶子

缝到基底上

11cm

花心缝到花上

叶子在钩织起点处
对折后再缝好

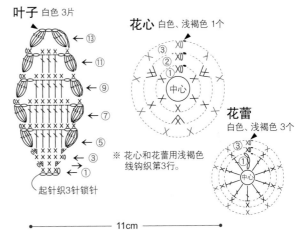

反面

基底

缝上别针

基底 白色
钩织方法参照P6
钩织至第5行

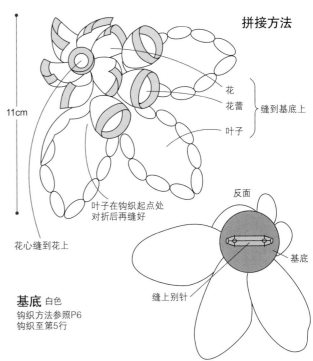

89 b

89 a

90 b

90 a

作品中的a使用的都是纸线绳,
b则是用掺入亮片的毛线。
闪闪的亮片演绎出不同的高贵质感。

亮片毛线
89、90

how to……P62
design 冈本启子
make 89＊井户本早百合 90＊川美代子

91 a

91 b

亮片毛线

how to……P66

91 **point lesson**……P53

design 冈本启子

make 91＊川美代子 92＊松原悦子

与P60一样，a用纸线绳钩织，
91b是用混入棉质的夏季纱线，92b使用掺入亮片的毛线钩织而成。
根据季节选择适合的素材。

92 b

92 a

89a photo＊P60

纸线绳/米褐色：3g；茶色：2g
莲蓬头式别针（金色）：1个
钩针：5/0号

花 1朵
※ 将第1行短针内侧的半针挑起后，钩织第2行的短针。
　将第1行短针外侧的半针挑起后，钩织第3行的引拔针。

花心
a=茶色
b=白色

89b photo＊P60

亮片毛线/粉色：3g；白色：2g
莲蓬头式别针（金色）：1个
钩针：5/0号

拼接方法

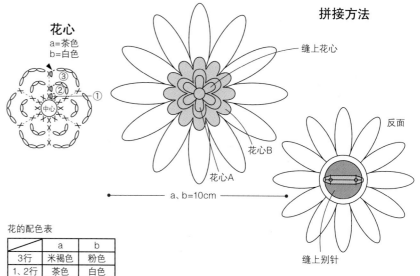

缝上花心

花心B

花心A

a、b=10cm

反面

缝上别针

花的配色表

	a	b
3行	米褐色	粉色
1、2行	茶色	白色

90a photo＊P60

纸线绳/茶色：16g；粉色：4g；米褐色：3g
别针（金色）：1个
钩针：3/0号、5/0号

90b photo＊P60

亮片毛线/白色：15g；米褐色：4g
亚麻线/米褐色：3g
别针（银色）：1个
钩针：3/0号、5/0号

拼接方法

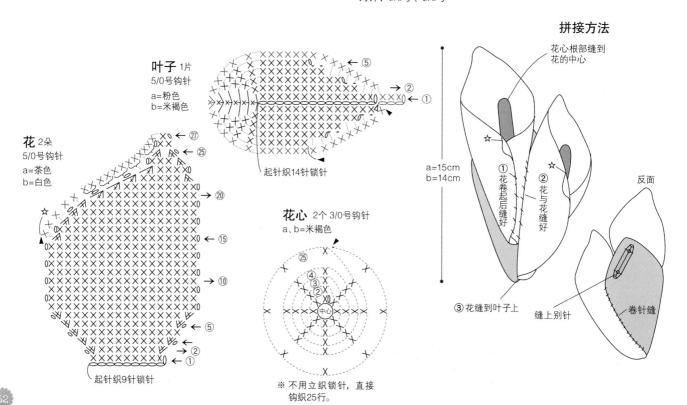

叶子 1片
5/0号钩针
a=粉色
b=米褐色

起针织14针锁针

花 2朵
5/0号钩针
a=茶色
b=白色

起针织9针锁针

花心 2个 3/0号钩针
a、b=米褐色

※ 不用立织锁针，直接
钩织25行。

花心根部缝到
花的中心

a=15cm
b=14cm

①花卷起后缝好
②花与花缝好

③花缝到叶子上

缝上别针

卷针缝

反面

73 photo * P48

纤维丝毛线/茶色：5g；蓝色：3g
别针（银色）：1个
钩针：5/0号

花 茶色 1朵

钩织完长长针后，再在相邻的花瓣中引拔钩织

仅第1片花瓣稍后再引拔钩织

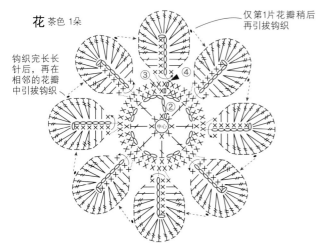

③ ④
②
中心

※ 将第1行内侧的半针挑起后钩织第2行。
　将第1行外侧的半针挑起后钩织第3行。

花心
蓝色 1个

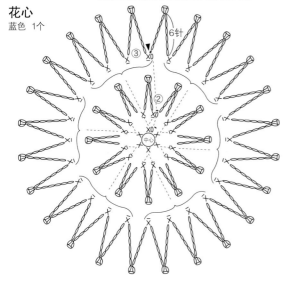

6针
③ X0
②
中心
X0

拼接方法

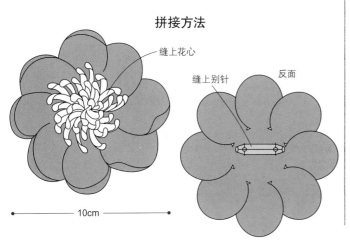

缝上花心
缝上别针
反面

─ 10cm ─

75 photo * P49

丝线/红色：4g；绿色：3g；黄色：少许
别针（银色）：1个
钩针：3/0号

花 红色 1朵

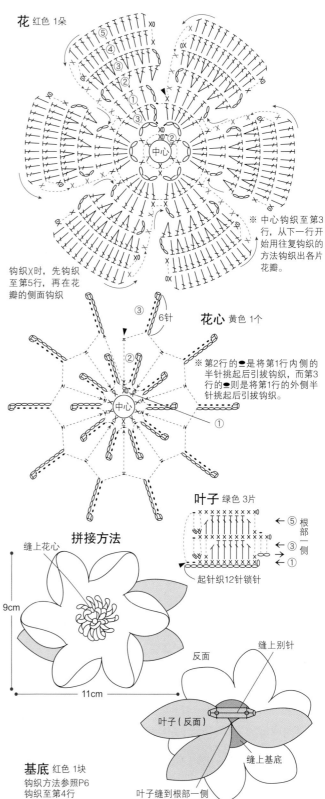

花心 黄色 1个

⑤ X0
①
③
中心
X0

※ 中心钩织至第3行，从下一行开始用往复钩织的方法钩织出各片花瓣。

钩织X时，先钩织至第5行，再在花瓣的侧面钩织

6针
③
②
中心
X0
①

※ 第2行的●是将第1行内侧的半针挑起后引拔钩织，而第3行的●则是将第1行的外侧半针挑起后引拔钩织。

叶子 绿色 3片

⑤ 根部一侧
③
① X0

起针织12针锁针

拼接方法

缝上花心

9cm

11cm

基底 红色 1块
钩织方法参照P6
钩织至第4行

反面
缝上别针
叶子（反面）
缝上基底
叶子缝到根部一侧

清爽的原色调最适合夏天。

纸线绳

design MATSUI MIYUKI

97

98

99

100

金、银色营造出奢华气氛。

纸线绳

97 how to……**P70**

98、99、100 how to……**P71**

design MATSUI MIYUKI

77 photo ＊P49

聚酯棉线/深粉色：3g；深褐色：1g；浅粉色、茶色：少许
花用铁丝（30号）：12cm 2根、14cm 2根
别针（银色）：1个
钩针：3/0号

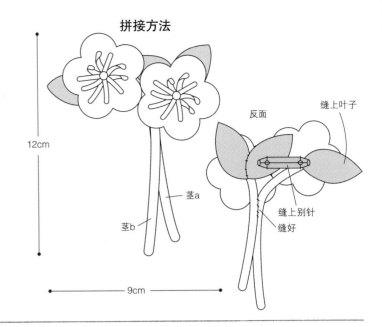

拼接方法

缝上叶子
反面
缝上别针
缝好
茎a
茎b
12cm
9cm

※花 深粉色 2朵
　花心 浅粉色 2个
　叶子 茶色 3片
　参照P51的作品76钩织。

茎 茶色 2根

茎a 8cm
茎b 10cm

※先用2根铁丝和1根
棉线制作茎。

91a photo ＊P61 / point lesson P53

纸线绳/淡蓝色、蓝灰色：各5g
别针：1个
钩针：5/0号

花 a=淡蓝色、蓝灰色 ｝各12块
　 b=粉色、橘色

钩织起点留出线头
a=30cm b=30cm

迷你花束的制作方法

钩织茎时，不要
剪断钩织花剩下
的线，直接翻到
反面，用钩织起
点和钩织终点的
2股线钩织锁针，
约3.5cm

用a=蓝色、b=粉色
的缝纫线将4朵花
（每种颜色2朵）绑
好

91b photo ＊P61 / point lesson P53

亮片毛线/粉色、橘色：各3g
别针（银色）：1个
钩针：3/0号

拼接方法

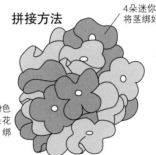

4朵迷你花束，制作6束，
将茎绑好

反面

别针缝到茎上

a=7.5cm b=5cm

92a photo ＊P61

纸线绳/粉色：3g；黑色：2g
别针（烟熏色）：1个
钩针：5/0号

花瓣 a=粉色 b=红色

←②
→①

从这里卷起→
钩织40针锁针

叶子 a=黑色 b=茶色

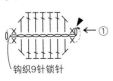

←①

钩织9针锁针

花瓣的卷法

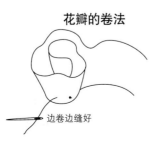

边卷边缝好

92b photo ＊P61

亮片毛线/红色：3g；茶色：2g
别针（烟熏色）：1个
钩针：5/0号

拼接方法

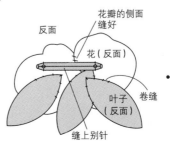

花瓣的侧面
缝好
反面
花（反面）
卷缝
叶子
（反面）
缝上别针

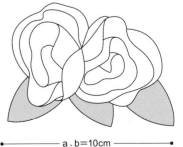

a、b=10cm

93 photo * P64

纸线绳/白色：2g；淡蓝色、白色：各2g
别针（银色）：1个
钩针：5/0号

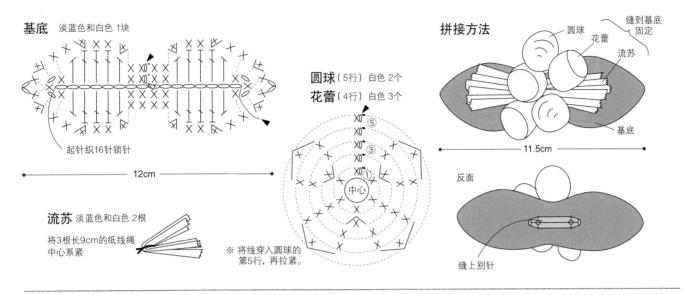

基底 淡蓝色和白色 1块

起针织16针锁针

12cm

圆球（5行）白色 2个

花蕾（4行）白色 3个

中心

※ 将线穿入圆球的
第5行，再拉紧。

流苏 淡蓝色和白色 2根

将3根长9cm的纸线绳
中心系紧

拼接方法

圆球
花蕾
缝到基底
固定
流苏
基底

11.5cm

反面

缝上别针

95 photo * P64

纸线绳/米褐色：3g；紫褐色：2g；淡紫色：3g
白色缎带：38cm×0.3cm
别针（银色）：1个
钩针：5/0号

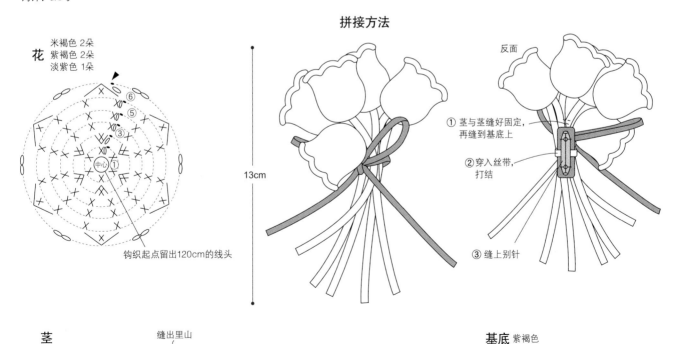

花
米褐色 2朵
紫褐色 2朵
淡紫色 1朵

中心

钩织起点留出120cm的线头

13cm

拼接方法

反面

① 茎与茎缝好固定，
再缝到基底上

② 穿入丝带，
打结

③ 缝上别针

茎

缝出里山

用起针留出的线钩织20针锁针
※钩针插入编织物中，引拔拉出线后钩织锁针。

基底 紫褐色

起针织6针锁针

享受不同素材带来的不同质感

A~H为P8作品6(实物大)。
请对比大小、质感的变化。

A＊极细丝线 钩针3/0号
B＊丝线 钩针6/0号
C＊马海毛 钩针4/0号
D＊蕾丝针0号
E＊蕾丝针0号
F＊混合毛线 钩针5/0号
G＊纸线绳 钩针5/0号
H＊亚麻线 钩针5/0号

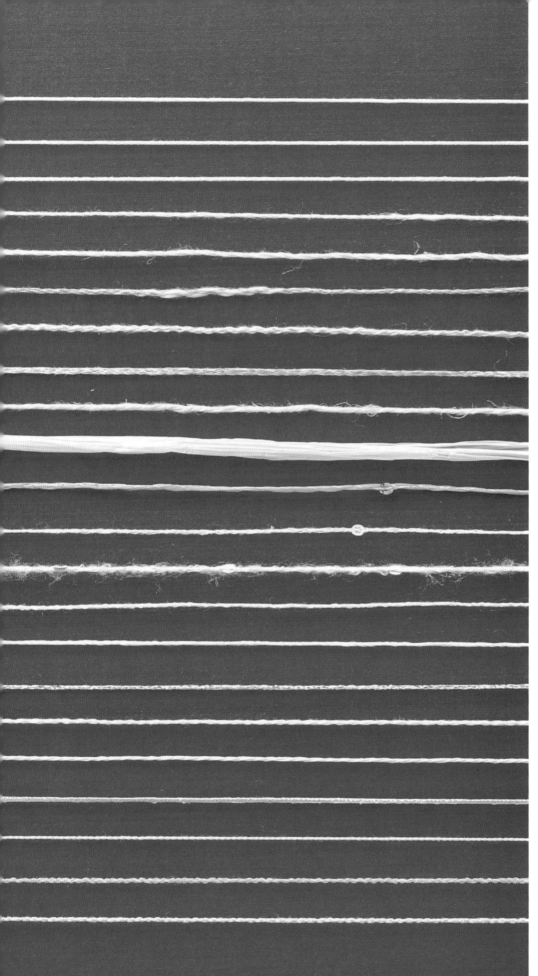

1 * 棉线

2 * 棉线

3 * 水洗棉线

4 * 麻棉线

5 * 麻棉线

6 * 麻棉线

7 * 麻棉线

8 * 麻线

9 * 亚麻线

10 * 纸线绳

11 * 纸线绳

12 * 聚酯

13 * 混合毛线

14 * 混合纤维毛钱

15 * 丝线

16 * 聚酯纤维

17 * 聚酯棉线

18 * 纤维丝线

19 * 混合棉线

20 * 棉线

21 * 纯毛线

22 * 棉线

94 photo＊P64／point lesson P53

纸线绳/白色：4g
别针（银色）：1个
钩针：6/0号

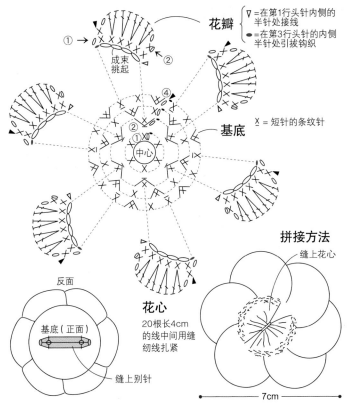

花瓣

▽＝在第1行头针内侧的
半针处接线
●＝在第3行头针的内侧
半针处引拔钩织

基底

X＝短针的条纹针

成束挑起

拼接方法

缝上花心

花心

20根长4cm
的线中间用缝
纫线扎紧

反面

基底（正面）

缝上别针

7cm

97 photo＊P65

纸线绳/段染色：4g；朱红色：1g
别针（银色）：1个
直径0.6m的珍珠串珠（金色）：3颗
钩针：6/0号

花a ※将第6行的外侧半针
挑起后钩织第7行。
※将第6行的外侧半针
挑起后钩织第8行。

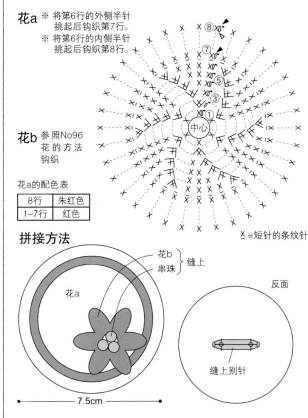

花b 参照No96
花的方法
钩织

花a的配色表

8行	朱红色
1~7行	红色

X＝短针的条纹针

拼接方法

花b
串珠
缝上

花a

反面

缝上别针

7.5cm

96 photo＊P64

纸线绳/白色：3g；淡绿色：2g
别针（银色）：1个
钩针：5/0号

花 白色 3朵

花心
淡绿色 3朵

装饰
淡绿色 2块

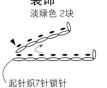

起针织7针锁针

拼接方法 ①花心缝到花上

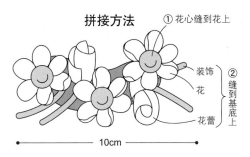

装饰
花
花蕾
②缝到基底上

10cm

基底 白色 1块

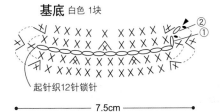

起针织12针锁针

7.5cm

花蕾 白色 2朵

起针织7针锁针

从钩织起点一侧卷起，
根部缝好固定

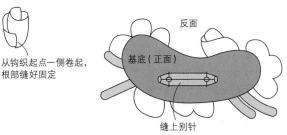

反面

基底（正面）

缝上别针

99 photo * P65

纸线绳/金色：8g
白色花蕊：40根
别针（银色）：1个
钩针：8/0号

花 1朵

⌐ =长针的反拉针

② ←
① →

起针织21针锁针

装饰 2根

起针织8针锁针

花的卷法

[正面]

钩织起点侧

40根花蕊对折，
用缝纫线绑好

卷起

缝到基底上

花
装饰

11cm

基底 1块
钩织方法参照P6
钩织至第3行

拼接方法

反面

缝上别针

98 photo * P65

纸线绳/绿色：3g；墨绿色、淡蓝色：各2g
别针（银色）：1个
钩针：7/0号

花瓣
绿色
墨绿色 各1朵
淡蓝色

起针织7针锁针

→②
←①

基底 绿色
钩织方法参照P6
钩织至第3行

拼接方法

反面

缝上别针

折叠花瓣，
根部缝好固定

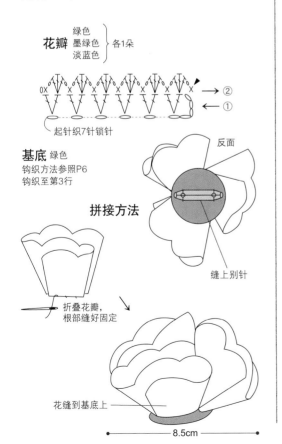

花缝到基底上

8.5cm

100 photo * P65

纸线绳/紫褐色：6g
直径0.8cm的黑色玻璃串珠：3颗
别针（银色）：1个
钩针：7/0号

花
1朵

x・⌐・⌐ =在上一行的外侧半针中钩织

拼接方法

根部折叠，
用缝纫线缝好拉紧

串珠缝到中心

9cm

反面

缝上别针

根部一侧

先钩织1片花瓣，
再继续钩织其他6片

→③
→②
→①

起针织7针
锁针

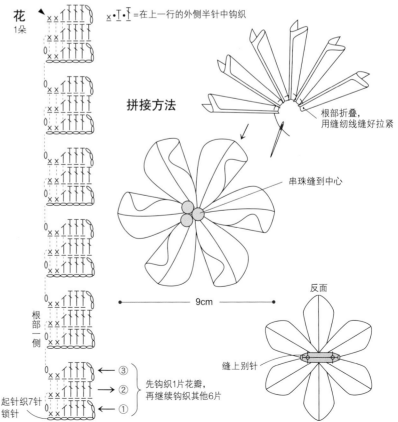

71

POINT LESSON 花饰制作的基础方法

拆分线

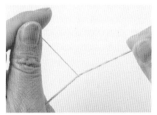

将捻合的1根线拆散为2~3根，需要细线缝制时使用。线长约30cm，顺着捻线的反方向拆分较为方便。

别针的缝法

1 拆分好的线（或是缝纫线）从缝纫针中穿过，将编织物的线分开挑起。同一位置再挑一次，将针从中心穿过，然后拉紧。

2 针从别针孔的反面穿过。

3 接着再将针穿入编织物，从另一侧穿出。如此在孔中上下穿2~3次，缝好固定。

4 针从编织物中间穿过，从反面穿过另一侧的孔，再用同样的方法固定。

5 固定之后，针从中心穿过，再拉紧处理线头。

莲蓬头式别针的缝法 ※配色时如果钩织起点处有多根线头，可以将所有线头一起穿入使用。

1 斜着修剪钩织起点的线头，顶端涂上黏合剂固定，然后从莲蓬头铁片中穿过。

2 打结。

3 用牙签等蘸上黏合剂，涂到结头上。黏合剂固定后，剪断线头。

（使用缝纫线和拆分线时）※如果编织线太粗，或者要处理线头时，可以使用缝纫线或者拆分线。

4 用缝纫针在莲蓬头铁片的小孔中穿1~2圈。

5 与底座的铁片合拢，用钳子捏紧，固定。

6 根据花饰的形状和方向调整别针。

茎中穿入铁丝的钩织方法

A（挑起针的同时钩织）

 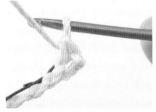 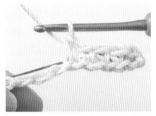 

1 铁丝的顶端往回折一点，绕出一个中心，大小可以穿入钩针。钩织1针锁针、立织1针锁针，然后挑起针，再将钩针从铁丝的中心穿过，钩织1针短针。

2 钩织完1针短针后如图。

3 将起针的里山挑起，同时与铁丝一同钩织。

4 钩织完一半茎后，将铁丝往回折到另一侧，扭出中心。

5 钩织最后一针时，将钩针插入铁丝的中心，钩织短针。

6 茎完成。

B（直接钩织）

1 将铁丝剪成必要的长度，两端折叠扭成中心，钩针可穿入。

2 针从中心穿过，挂线后拉出，再挂线，拉出。

3 针从铁丝的下方插入，挂线后拉出。再次挂线拉出，钩织完短针。

4 按同样的方法，针从铁丝下方插入继续钩织。如此一来，线头也一同钩织在内，之后便不用再处理线头。

5 钩织至将整条铁丝包住。钩织最后一针时，钩针从铁丝的中心穿过，之后再钩织短针。

6 茎完成。

25 photo＊P17

水洗棉线/深粉色：4g；浅粉色：2g；红色：2g
别针（银色）：1个
钩针：2/0号

花A 1朵
—— 深粉色
—— 浅粉色

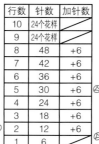

⑩ ⑨ ⑧ ⑤ ① 中心

花A针数表

行数	针数	加针数
10	24个花样	
9	24个花样	
8	48	+6
7	42	+6
6	36	+6
5	30	+6
4	24	+6
3	18	+6
2	12	+6
1	6	

※ 将第8行短针内侧的半针挑起后，钩织第9行的长长针和引拔针。
将第8行短针外侧的半针挑起后，钩织第10行的长长针和引拔针。

花B 1朵
—— 红色
—— 深粉色

⑦ ⑧ ⑥ ⑤ ① 中心

花B针数表

行数	针数	加针数
8	18个花样	
7	18个花样	
6	36	+6
5	30	+6
4	24	+6
3	18	+6
2	12	+6
1	6	

※ 将第6行短针外侧的半针挑起后，钩织第7行的长长针和引拔针。
将第6行短针内侧的半针挑起后，钩织第8行的长长针和引拔针。

花C 1朵
—— 深粉色
—— 浅粉色

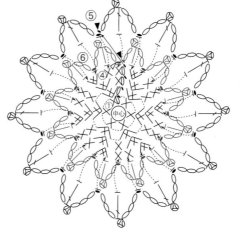

⑤ ⑥ ④ ① 中心

花C针数表

行数	针数	加针数
6	12个花样	
5	12个花样	
4	24	+6
3	18	+6
2	12	+6
1	6	

※ 将第4行短针外侧的半针挑起，钩织第5行的长针和引拔针。
将第4行短针内侧的半针挑起后，钩织第6行的长针和引拔针。

拼接方法

正面

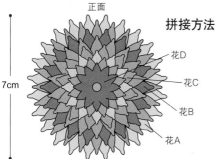

7cm

—— 花D
—— 花C
—— 花B
—— 花A

※ 依次将花B、花C、花D重叠到花A，中心缝好。

反面

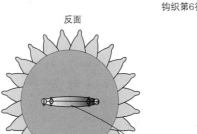

缝上别针

花D 1朵
—— 深粉色
—— 红色

② ③ ⑧ ⑥ 中心

花D针数表

行数	针数
3	12个花样
2	12个花样
1	12针

※ 将第1行短针外侧的半针挑起后，钩织第2行的引拔针。
将第1行短针内侧的半针挑起后，钩织第3行的引拔针。

26 photo * P17

棉线/红色：4g；橘色、黄色：各少许
别针（银色）：1个
钩针：2/0号

基底 红色 1块

[基底的钩织方法参照P6。钩织至第4行，然后再不加针钩织第5行]

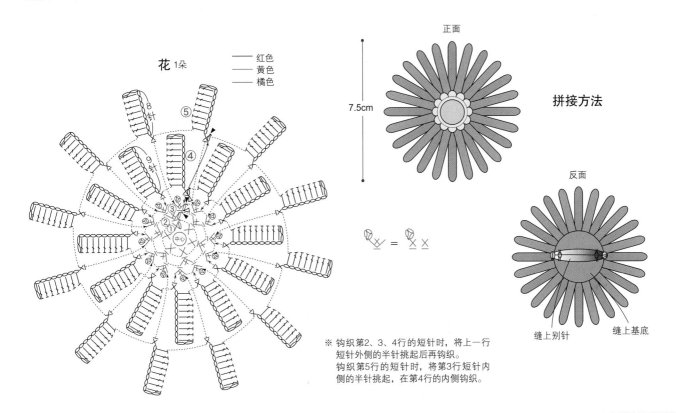

花 1朵

—— 红色
—— 黄色
—— 橘色

正面

7.5cm

拼接方法

反面

缝上别针　　缝上基底

〖 ＝ 〗

※ 钩织第2、3、4行的短针时，将上一行
短针外侧的半针挑起后再钩织。
钩织第5行的短针时，将第3行短针内
侧的半针挑起，在第4行的内侧钩织。

---

27 photo * P17

棉线/橘色：3g；黄色、茶色：各少许
别针（烟熏色）：1个
钩针：2/0号

拼接方法

正面

6cm

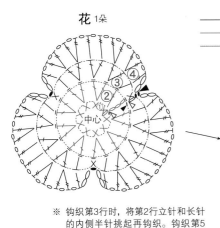

花 1朵

—— 橘色（第3~6行）
—— 黄色（第2行）
—— 茶色（第1行）

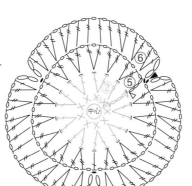

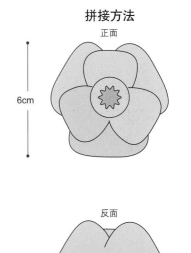

反面

缝上别针

※ 钩织第3行时，将第2行立针和长针
的内侧半针挑起再钩织。钩织第5
行时，将第2行立针和长针的外侧
半针挑起再钩织。

$\mathbb{B}$asic $\mathbb{L}$esson 钩针编织的基础

编织符号图

根据日本工业规格（JIS），所有的记号表示的都是编织物表面的状况。

钩针编织没有正面和反面的区别（拉针除外）。交替看正反面进行平针编织时也用相同的记号表示。图中所示的是在第3行更换配色线的记号图。

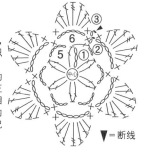

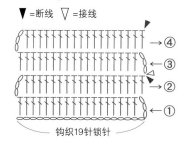

▼=断线　▽=接线

钩织19针锁针

从中心开始编织圆形时

在中心编织圆圈（或是锁针），像画圆一样逐行钩织。在每行的起针处都进行立针钩织。通常情况下都面对编织物的正面，从右到左看记号图进行钩织。

平针编织时

特点是左右两边都有起立针，当右侧出现立针时，将织片的正面置于内侧，从右到左参照记号图进行钩织。，当左侧出现立针时，将织片的反面置于内侧，从左到右看记号图进行钩织。图中所示的是在第3行更换配色线的记号图。

锁针的看法

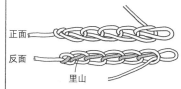

正面
反面
里山

锁针有正、反面之分。
反面中央的一根线称为锁针的"里山"。

线和针的拿法

1 将线从左手的小指和无名指间穿过，绕过食指，线头拉到手掌前。

2 用拇指和中指捏住线头，食指撑开，将线挑起。

3 用拇指和食指握住针，中指轻放到针头处。

起针的方法

1 在线的里侧入针，回转针头。

2 接着将线挂在针头上。

3 从线圈中穿过，将线引拔抽出。

4 将线头抽出，收紧线圈，最初的起针完成。这针并不算做第1针。

起针

从中心开始编织圆形时

（用线头做中心）

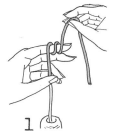

1 在左手的食指上将线绕两圈，形成环。

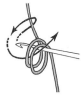

2 将环从手指脱出，在环中心入针，拉出线。

3 接着把线搭在针头上，将线抽出，立织1针锁针。

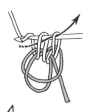

4 钩织第1圈时，在中心插入钩针，织入必要数目的短针。

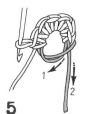

5 暂时将针抽出，将最初环形的线和线头抽出，收紧线圈。

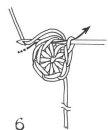

6 第1圈末尾时，在最初的短针中插入钩针，引拔钩织。

从中心开始编织圆形时
（用锁针做中心）

1 织出必要数目的锁针，然后钩针插入最初锁针的半针中引拔钩织。

2 针尖挂线后拉出线，这算是起立针。

3 钩织第1圈时，将钩针插入圆环中心，将锁针成束挑起，织入必要数目的短针。

4 第1圈末尾时，钩针插入最初短针的头针中，挂线后引拔钩织。

平针编织时

1 织入必要数目的锁针和立针，在从头数的第2针锁针中插入钩针，挂线后引拔钩织。

立织1针锁针

2 针尖挂线，按照箭头所示方法，拉出线。

3 第1圈钩织完成后如图（1针锁针不算做1针）。

将上一行线圈挑起的方法

在同一针上钩织

1　　**2**

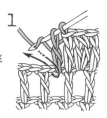

将锁针成束挑起后钩织

1　　**2**

即便是同样的枣形针，不同的符号图挑针的方法也不相同。符号图的下方封闭时，表示在上一行的同一针上钩织；符号图的下方打开时，表示将上一行的锁针成束挑起钩织。

针法符号

⬭ **锁针**

1 钩织最初的1针，针尖挂线。

2 拉出挂好的线，锁针完成。

3 重复步骤1、2，继续钩织。

4 完成5针锁针。

⬬ **引拔针**

1 在上一行插入钩针。

2 针尖挂线。

3 一次性引拔出2个线圈。

4 完成1针引拔针。

✕ **短针**

1 在上一行插入钩针。

2 针尖挂线，将线圈拉到前面。

3 针尖挂线，一次性穿过2个线圈。

4 完成1针短针。

T **中长针**

1 针尖挂线后，在上一行插入钩针。

2 再次在针尖挂线，将线圈拉到前面。

3 针尖挂线，一次性引拔穿过3个线圈。

4 完成1针中长针。

长针
 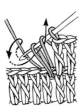  

1 针尖挂线后，在上一行插入钩针。再次在针尖挂线，将线圈拉到前面。

2 按照箭头所示方向，引拔穿过2个线圈。（此状态为未完成的长针）

3 再次在针尖挂线，按照箭头所示方向，引拔穿过剩下的2个线圈。

4 完成1针长针。

长长针　三卷长针
（）内为三卷长针的次数

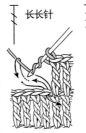   

1 线在针尖缠2圈（3圈）后，在上一行插入钩针，再在针尖挂线，将线圈拉到前面。

2 按照箭头所示方向，引拔穿过2个线圈。

3 按照步骤2的方法从下一针开始也按同样的方法引拔穿过线圈。重复2次（3次）。

4 完成1针长长针。

短针1针分2针　短针1针分3针

1 钩织1针短针。

2 在同一线圈处再次插入钩针，穿过线圈，再钩织短针。

3 钩织完2针短针后如图。再在同一线圈处织1针短针。

4 上一行的同一线圈中织入3针短针（呈加2针的状态）。

短针2针并1针

1 在上一行的线圈，按照箭头所示，插入钩针，引拔穿过线圈。

2 从下一针开始也按同样的方法引拔穿过线圈。

3 针尖挂线，一次性引拔穿过3个线圈。

4 短针2针并1针完成（呈减1针的状态）。

长针1针放2针

1 在钩织长针的同一针上，再钩织长针。

2 针尖挂线，引拔穿过2个线圈。

3 再次在针尖挂线，引拔穿过剩余的2个线圈。

4 在同一线圈处织入2针长针，与上一行相比增加1针。

长针2针并1针
 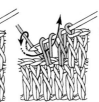  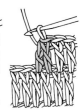

1 在上一行织入未完成的长针，并按图中箭头方向在下面的线圈中插入钩针，然后将线拉出。

2 针尖挂线，引拔穿过2个线圈，织第2针未完成的长针。

3 针尖挂线，一次性引拔穿过3个线圈。

4 完成长针2针并1针。与上一行相比减1针。

短针的条纹针

1 每行正面向上钩织，织1圈短针后，在最初的针目中引拔钩织。

2 立织1针锁针，将上一行外侧的半针挑起，钩织短针。

3 按照步骤2的要领，继续钩织短针。

4 上一行内侧的半针呈条纹状，第3行短针的条纹织完后如图所示。

短针的菱形针

1 沿箭头方向，在上一行外侧半针入针。

2 钩织短针，在下一针的外侧半针处入针。

3 钩织至此行末端后，翻转织片。

4 重复步骤1～2，在外侧半针处入针钩织短针。

✂ 3针锁针的狗牙针

1 钩织3针锁针。

2 在锁针的首针半针和尾针一根线处插入钩针。

3 针尖挂线，按照箭头所示一次性引拔穿过线圈。

4 完成3针锁针的狗牙针。

长针3针的枣形针

1 在上一行的线圈中，织1针未完成的长针。

2 在同一线圈中插入钩针，再钩织2针未完成的长针。

3 针尖挂线，一次性引拔穿过4个线圈。

4 完成长针3针的枣形针。

变化的3针中长针枣形针

  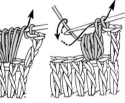 

1 在上一行的同一线圈中钩织3针未完成的中长针。

2 针尖挂线，按照箭头所示，引拔穿过6个线圈。

3 再次在针尖挂线，一次性引拔穿过剩下的线圈。

4 变化的3针中长针枣形针完成。

长针5针的爆米花针

1 在上一行的同一线圈中织入5针长针，然后暂时将钩针取出，再按箭头方向插入钩针。

2 按照箭头所示方向，引拔钩织针尖上的线圈。

3 再钩织1针锁针，拉紧。

4 长针5针的爆米花针完成。

基本刺绣方法

法式结粒绣

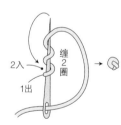

轮廓绣

卷针绣

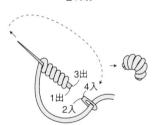

直线绣

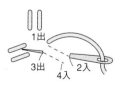

链式绣

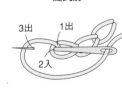

雏菊绣

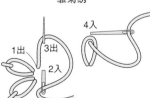

其他针法索引

TITLE: [大きさ·素材いろいろ　かぎ針編みのコサージュ100　花とフルーツ&生き物]

BY：[E&G CREATES CO.,LTD.]

Copyright © E&G CREATES CO.,LTD., 2010

Original Japanese language edition published by E&G CREATES CO.,LTD.

All rights reserved. No part of this book may be reproduced in any form without the written permission of the publisher.

Chinese translation rights arranged with E&G CREATES CO.,LTD.

Tokyo through Nippon Shuppan Hanbai Inc.

图书在版编目（CIP）数据

钩出超可爱立体小物件100款. 浪漫花饰篇／（日）美创出版著；何凝一译. —郑州：河南科学技术出版社，2012.6（2020.10重印）

ISBN 978-7-5349-5597-6

Ⅰ.①钩… Ⅱ.①美… ②何… Ⅲ.①钩织－编织－图集 Ⅳ.①TS935.521-64

中国版本图书馆CIP数据核字(2012)第079839号

策划制作：北京书锦缘咨询有限公司（www.booklink.com.cn）
总 策 划：陈　庆
策　　划：米海鹏
版式设计：季传亮

出版发行：河南科学技术出版社
　　　　　地址：郑州市经五路66号　　邮编：450002
　　　　　电话：（0371）65737028　65788613
　　　　　网址：www.hnstpcn
责任编辑：刘　欣　刘　瑞
责任校对：李　琳
印　　刷：天津市蓟县宏图印务有限公司
经　　销：全国新华书店
幅面尺寸：210mm×260mm　　印张：5　　字数：120千字
版　　次：2012年6月第1版　　2020年10月第3次印刷
定　　价：26.00元

如发现印、装质量问题，影响阅读，请与出版社联系